KB018673

곡식
채소
나들이도감

세밀화로 그린 보리 산들바다 도감

곡식 채소 나들이도감

그림 임병국, 장순일, 안경자, 윤은주

글 김종현

감수 안완식

편집 김종현

기획실 김소영, 김수연, 김용란

디자인 이안디자인

제작 심준엽

영업 나길훈, 안명선, 양병희, 원숙영, 조현정

독자 사업(잡지) 정영지

새사업팀 조서연

경영 지원 신종호, 임혜정, 한선희

분해와 출력·인쇄 (주)로얄프로세스

제본 (주)상지사 P&B

1판 1쇄 펴낸 날 2019년 10월 10일 | **1판 2쇄 펴낸 날** 2021년 11월 12일

펴낸이 유문숙

펴낸 곳 (주) 도서출판 보리

출판등록 1991년 8월 6일 제 9–279호

주소 (10881) 경기도 파주시 직지길 492

전화 (031)955–3535 / **전송** (031)950–9501

누리집 www.boribook.com **전자우편** bori@boribook.com

보리는 나무 한 그루를 베어 낼 가치가 있는지 생각하며 책을 만듭니다.

ISBN 979-11-6314-090-0 06470 978-89-8428-890-4 (세트)
이 도서의 국립중앙도서관 출판예정도서목록(CIP)은 서지정보유통지원시스템 홈페이지
(http://seoji.nl.go.kr)와 국가자료공동목록시스템(http://www.nl.go.kr/kolisnet)에서
이용하실 수 있습니다. (CIP 제어번호 : CIP2019037630)

세밀화로 그린 보리 산들바다 도감

우리 땅에 자라는 곡식과 채소 50종

곡식
채소
나들이도감

그림 임병국 외 | 글 김종현

보리

일러두기

1. 이 책에는 우리나라에서 자라는 곡식과 채소 50종이 실려 있습니다. 곡식과 채소는 '낟알 곡식', '열매채소', '잎줄기채소', '덩이줄기 | 비늘줄기 채소', '뿌리채소', '기름채소'처럼 먹는 곳으로 나누고 가나다 이름 순서로 실었습니다.

2. 이 책에 들어간 세밀화는 화가가 직접 취재하고 자세히 살펴보며 그렸습니다. 세밀화마다 취재한 때와 곳을 그림 아래에 써 놓았습니다.

3. 곡식과 채소 이름, 다른 이름, 학명, 분류는 국가 표준식물목록(www.nature.go.kr)을 따르고 《원색 대한식물도감》(이창복, 향문사, 2003), 《원색 한국식물도감》(이영로, 교학사, 2002), 《한국토종작물자원도감》(안완식, 이유, 2009)을 참고했습니다.

4. 맞춤법과 띄어쓰기는 국립 국어원 누리집에 있는 《표준국어대사전》을 따랐습니다.

5. 본문 보기

이름　다른 이름

학명

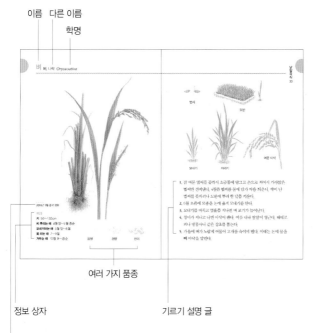

여러 가지 품종

정보 상자

취재한 때와 곳

기르기 설명 글

곡식
채소
나들이도감

그림으로 찾아보기

그림으로 찾아보기

1. 낟알 곡식

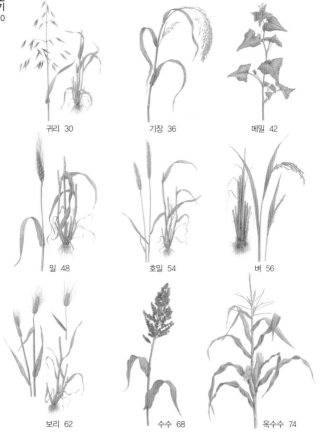

귀리 30

기장 36

메밀 42

밀 48

호밀 54

벼 56

보리 62

수수 68

옥수수 74

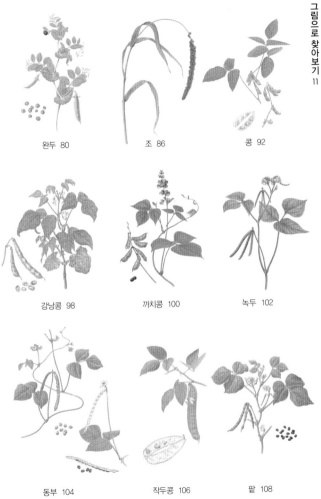

완두 80

조 86

콩 92

강낭콩 98

까치콩 100

녹두 102

동부 104

작두콩 106

팥 108

2. 열매채소

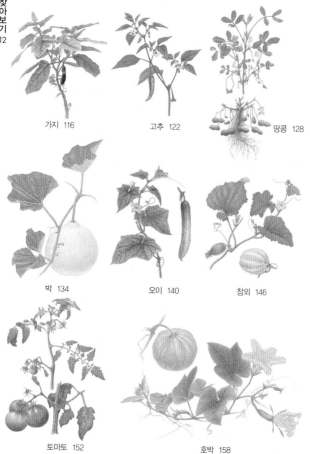

가지 116

고추 122

땅콩 128

박 134

오이 140

참외 146

토마토 152

호박 158

3. 잎줄기채소

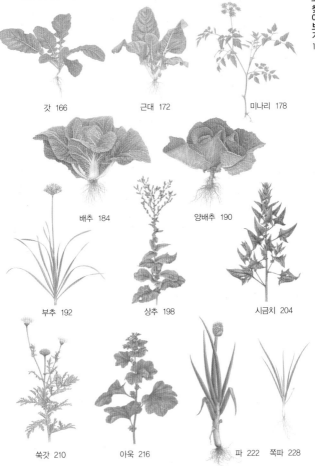

갓 166

근대 172

미나리 178

배추 184

양배추 190

부추 192

상추 198

시금치 204

쑥갓 210

아욱 216

파 222　쪽파 228

4. 덩이줄기 | 비늘줄기 채소

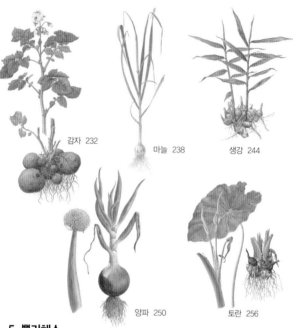

감자 232

마늘 238

생강 244

양파 250

토란 256

5. 뿌리채소

고구마 264

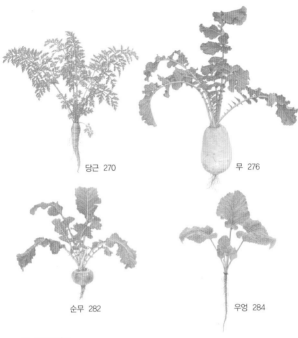

당근 270

무 276

순무 282

우엉 284

6. 기름채소

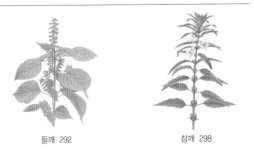

들깨 292

참깨 298

농작물 재배 시기

낟알 곡식

작물	씨 뿌리는 때	모종하는 때	거두는 때
귀리	2월 말 ~ 3월 초 8월 중순 ~ 말		6월 말 ~ 7월 초 11월 초
기장	5월 말 ~ 6월 중순		8월 중순 ~ 9월 중순
메밀	5월 중순 ~ 말 7월		7월 말 ~ 8월 초 10월
밀	10월 초 ~ 11월 초		이듬해 6 ~ 7월
호밀	9월 말 ~ 10월 중순		이듬해 6월 말
벼	4월 말 ~ 5월 중순	5월 말 ~ 6월	10월 초 ~ 중순
보리	10월 초 ~ 11월 초		이듬해 5 ~ 6월
수수	5월 상중순		9월 중순 ~ 10월
옥수수	4월 말	5월 중순	7 ~ 10월
완두	3월 말 ~ 4월 초 10월 중순 ~ 11월 중순		5월 중순 ~ 6월
조	5월 초 ~ 중순 6월 중순 ~ 7월 초		9 ~ 10월
콩	4월 초 ~ 7월 초		10월 초 ~ 말
강낭콩	3월 말 ~ 4월 말		6 ~ 7월
까치콩	4 ~ 7월		10 ~ 11월
녹두	4 ~ 7월		8 ~ 10월
동부	4월 말 ~ 6월		9월
작두콩	5 ~ 6월		9 ~ 10월
팥	6월 중순 ~ 7월 초		9 ~ 10월

열매채소

작물	씨 뿌리는 때	모종하는 때	거두는 때
가지	4월 초	4월 말 ~ 5월 초	7월 ~ 10월 초까지
고추	2월 초	4월 말 ~ 5월 초	6월 중순 ~ 10월 중순
땅콩	4월 말 ~ 5월 초		9월 말 ~ 10월 중순
박	3 ~ 4월		10월
오이	4월 말	5월 중순	6 ~ 9월
참외	4월 말	5월 중순	7 ~ 8월
토마토	3월 말	5월 초순	7 ~ 9월
호박	4월 말	5월 중순	7 ~ 10월

잎줄기채소

작물	씨 뿌리는 때	모종하는 때	거두는 때
갓	8월 말 ~ 9월 중순		10월 말 ~ 12월초
근대	4월 중순 ~ 5월 초 8월 말 ~ 9월 초		6 ~ 7월 10 ~ 11월
미나리		3월 말 ~ 4월 중순 9월 중순 ~ 말	5월 말 ~ 6월 초 이듬해 12 ~ 3월
배추	8월 중순	9월 초순	11월 중순
양배추	2월 말 ~ 3월 초 7월		7월 11월
부추	4월	6월 중순 ~ 7월 초	4월 중순 ~ 11월 초
상추	3월 말 8월 말	4월 말 9월 초	5월 중순 9월 중순 ~ 11월 초
시금치	4월 8월 말 ~ 9월초 9월 말 ~ 10월 초		5월 중순 ~ 6월 초 10월 초 ~ 11월 말 이듬해 3월 말 ~ 4월 중순
쑥갓	3 ~ 4월 9 ~ 10월		4 ~ 6월 10 ~ 11월
아욱	3월 말 ~ 5월 말 8월 중순 ~ 9월 중순		5월 중순 ~ 7월 초 9월 중순 ~ 11월 초
파	3월 말 8월 말 ~ 9월 초	5월 말 10월 말 ~ 11월	9월부터 이듬해 2 ~ 3월
쪽파	8 ~ 9월		10 ~ 11월/이듬해 3 ~ 4월

덩이줄기 채소

작물	씨 뿌리는 때	모종하는 때	거두는 때
감자	3월 말		6 ~ 7월
생강	4월 말		10 ~ 11월
토란	4월 중순 ~ 5월 중순		9월 말 ~ 10월 중순

비늘줄기 채소

작물	씨 뿌리는 때	모종하는 때	거두는 때
마늘	9월 말 ~ 10월 중순		이듬해 6월 초, 중순
양파	8월 말	10월 중순	이듬해 5월 말

뿌리채소

작물	씨 뿌리는 때	모종하는 때	거두는 때
고구마		5월 중순 ~ 말	10월
당근	3월 말 8월 초		6월 말 11월 말
무	8월 중순 ~ 9월 초		11월 중순 ~ 12월 초
순무	3월 9월		5 ~ 6월 10 ~ 11월
우엉	4월 말 ~ 5월 초 9월 말 ~ 10월 초		7월 말 ~ 11월 말 이듬해 5 ~ 7월

기름 채소

작물	씨 뿌리는 때	모종하는 때	거두는 때
들깨	5월 말	6월 말	9 ~ 10월
참깨	5월 초 ~ 중순		9월 말 ~ 10월 초

달과 절기에 따른 농사일

1월

- 밭을 갈고 거름을 준다.
- 농기구를 고친다.
- 봄에 뿌릴 씨를 잘 정리한다.

소한 양력 1월 5일 무렵
'작은 추위'라는 뜻이지만,
우리나라는 소한 때가 가장
춥다. '대한이 소한 집에 놀러
갔다가 얼어 죽었다.'는
말이 있다.

대한 양력 1월 20일 무렵
한 해 마지막 절기다. 이때부터
추위는 한풀 꺾이기 시작한다.

2월

- 겨우내 들뜬 보리나 밀 뿌리를 밟아 준다.
- 거름을 뒤집는다.
- 땅에 거름을 뿌리고 땅을 간다.
- 뿌릴 씨를 고른다.
- 농기구를 고친다.
- 마늘, 양파, 밀, 보리에 오줌 웃거름을 준다.
- 봄보리를 뿌린다.

입춘 양력 2월 4일 무렵
봄이 시작되는 날이다.

우수 양력 2월 18일 무렵
봄비가 내리고 얼었던 땅이
녹는다. "우수에 대동강 물이
풀린다."라고 했다.

3월

- 논밭에 밑거름을 주어 갈아엎고 이랑을 만든다.
- 감자를 가장 먼저 심고 강낭콩, 완두콩을 심는다.
- 봄배추, 상추, 아욱, 박 같은 채소를 심는다.
- 고추, 가지, 토마토, 오이, 고구마 모종을 키운다.
- 귀리를 심는다.
- 물길을 내고 저수지를 손본다.

경칩 양력 3월 5일 무렵
겨울잠을 자던 동물들이
깨어난다.

춘분 양력 3월 21일 무렵
밤낮 길이가 똑같다.
이때부터 낮이 길어진다.

4월

- 볍씨를 물에 불리고, 논에 못자리를 만든다.
- 논에 가래질을 한다.
- 밭에는 강낭콩, 땅콩, 옥수수를 심는다.
- 파와 쪽파를 거둔다.
- 배추와 열무 씨를 뿌리거나 모종을 아주 심는다.
- 부추를 옮겨 심는다.
- 땅콩, 녹두, 시금치, 생강, 오이, 토란을 심는다.

청명 양력 4월 5일 무렵
맑은 봄 날씨가 시작된다.

곡우 양력 4월 20일 무렵
곡우 무렵에는 봄비가
많이 내린다.

5월

입하 양력 5월 6일 무렵
여름이 시작된다. 곡우에
마련한 못자리가 자리를
잡아 간다.

소만 양력 5월 21일 무렵
여름에 접어들면서 날씨가
더워진다.

- 보리를 거둔다.
- 논에 거름을 준다.
- 늦콩을 심는다.
- 마늘, 무 씨를 받는다.
- 강낭콩은 북 주고, 완두콩은 버팀대를 세운다.
- 옥수수 모종을 아주 심는다.
- 고추, 가지, 토마토, 호박, 오이 모종을 본밭에 아주 심는다.
- 시금치, 얼갈이배추, 열무를 솎아 먹는다.
- 상추 잎을 아래부터 딴다.
- 쑥갓, 근대, 아욱 잎을 따 먹는다.
- 감자를 북 준다.
- 들깨를 심는다.
- 모내기를 시작한다.

6월

망종 양력 6월 6일 무렵
벼, 보리같이 수염이 있는
까끄라기 곡식 씨앗을 뿌린다.
모내기와 보리 베기가 끝난다.

하지 양력 6월 21일 무렵
한 해 가운데 낮 길이가 가장
긴 날이다. 하지가 지나면서
더워지기 시작하여 삼복 무렵
가장 덥다.

- 단오가 지나면 모내기를 하고 보리, 밀을 거둔다.
- 하지 무렵에 감자를 캔다.
- 부추를 거둔다.
- 고구마 줄기를 심는다.
- 고추, 가지, 토마토, 호박, 오이에 버팀대를 세운다.
- 열매가 달리면 먹기 좋을 때 오이, 가지, 호박, 고추를 딴다.
- 봄배추를 거둔다.
- 상추 씨를 받는다.
- 마늘과 양파를 거둔다.
- 기장, 콩을 심는다.
- 완두콩을 거둔다.

7월

소서 양력 7월 7일 무렵
더위와 장마가 시작되고
온갖 채소가 풍성해진다.

대서 양력 7월 23일 무렵
중복과 겹쳐 가장 더운 때이다.
큰비가 오기도 한다.
곡식도 잡초도 쑥쑥 자란다.
부지런히 김을 맨다.

- 강낭콩을 거둔다.
- 일찍 심은 옥수수를 먹을 수 있다.
- 빨갛게 익은 토마토를 딴다.
- 논에 피사리를 한다. 논을 말린다.
  벼 이삭이 팬다.
- 콩, 팥, 조, 수수밭 풀을 맨다.
- 보리밭이나 밀밭을 간다.
- 메밀을 뿌린다.

8월

입추 양력 8월 8일 무렵
가을이 시작된다. 꼴을 베어
두엄도 만들고 허수아비도 세운다.
김장할 무, 배추를 심는다.

처서 양력 8월 23일 무렵
더위가 가시고 낮과 밤 온도차가
커진다. 처서가 지나면 따가운
햇볕이 누그러져서 풀이 더 자라지
않기 때문에 논두렁 풀을 벤다.

- 무, 배추, 양파 씨를 뿌린다.
- 고구마 줄기를 들춘다.
- 빨간 고추를 딴다.
- 쪽파를 심는다.
- 풀을 매면서 웃거름을 준다.
- 오이, 호박, 수박, 참외, 옥수수를 거둔다.
- 마지막 풀매기를 한다.

9월

백로 양력 9월 8일 무렵
아침저녁으로 제법 쌀쌀해지고
이른 아침에는 풀잎에 이슬이 맺힌다.
고된 여름 농사가 끝나고 추수 때까지
잠시 일손을 쉬는 때이다. 산과 들에는
오곡과 온갖 열매들이 익어 간다.
남쪽에서 태풍이 불어와 피해를
주기도 한다.

추분 양력 9월 23일 무렵
낮밤 길이가 같다. 이때부터 밤이
길어진다. 논밭 곡식을 거두어들이고
고추도 따서 말리면서 가을걷이를
시작한다.

- 고구마를 캔다.
- 총각무를 심는다.
- 갓 씨, 시금치 씨를 뿌린다.
- 고추를 따서 말린다.
- 녹두를 딴다.
- 완두, 파, 부추를 심는다.
- 콩을 벤다.
- 조를 거둔다.

10월

한로 양력 10월 8일 무렵
찬 이슬이 맺히기 시작한다.
더 추워지기 전에 벼 베기를
끝낸다.

상강 양력 10월 23일 무렵
서리가 내리기 시작한다.
벼 베기가 거의 마무리된다.

- 벼를 거둔다. 밀, 보리를 심는다.
- 총각무, 갓을 솎아 준다.
- 들깨, 땅콩, 메주콩을 거둔다.
- 마늘, 양파를 심는다.
- 고구마를 캔다.
- 조, 수수, 옥수수를 거둔다.
- 오이, 가지, 호박, 고추 씨를 받는다.
- 상강 전에 여름 곡식을 모두 거둔다.
- 서리태는 서리 맞은 뒤에 거둔다.

11월

- 무와 배추, 총각무를 뽑아서 김장을 한다.
- 쪽파를 거둔다.
- 갈무리를 끝낸 밭을 정리한다.
- 농기구를 잘 손질한다.
- 메주를 쑨다.
- 고구마 줄기, 호박고지, 가지말랭이, 토란대 같은 묵나물을 만든다.
- 여러 곡식 씨와 씨알 생강을 갈무리한다.

입동 양력 11월 8일 무렵
겨울이 시작된다. 땅이 얼기 전에
김장거리를 거두어들인다.

소설 양력 11월 22일 무렵
눈이 오기 시작하고 살얼음이
잡히면서 땅이 얼기 시작한다.
김장을 하고 메주도 쑨다.

12월

- 해콩으로 메주를 쑨다.
- 시금치와 겨울 부추에 거름을 준다.

대설 양력 12월 8일 무렵
이 무렵에 눈이 많이 내린다.
대설에 눈이 많이 오면 겨울이
따뜻하고 이듬해 풍년이 든다고
한다.

동지 양력 12월 22일 무렵
한 해 가운데 밤이 가장 긴 날이다.

곡식과 채소

낱알 곡식

귀리

기장

메밀

밀 _ 호밀

벼

보리

수수

옥수수

완두

조

콩 _ 강낭콩, 까치콩, 녹두, 동부, 작두콩

팥

귀리 연맥, 작맥, 이맥, 광맥 *Avena sativa*

2008년 5월 전북 익산

벼과
키 50~130cm
씨 뿌리는 때 2월 말~3월 초,
8월 중순~말
꽃 피는 때 5~6월
거두는 때 6월 말~7월 초, 11월 초

겉귀리

쌀기리

싹

꽃

거둘 때

1. 씨를 줄뿌림하거나 흩뿌린다. 씨를 뿌린 뒤 흙을 살짝 덮는다.

2. 싹이 올라와 자란다. 꽃이 필 때까지 물을 자주 주면 좋다.

3. 오뉴월에 꽃이 핀다. 꽃이 지면 이삭이 달린다.

4. 7월쯤 되면 이삭이 누렇게 익으면서 깍지가 날개처럼 벌어진다.
   이때 거둔다.

귀리는 밭에 심어 기르는 한해살이나 두해살이 곡식이다. 귀리는 원래 중앙아시아나 아르메니아 지방에서 자라던 풀이다. 유럽에서는 아주 오래전부터 길러왔다. 기원전 2200~1300년쯤 청동기 시대 집터에서 귀리 낟알이 나왔다.

중국에는 6세기쯤에 들어왔다. 중국에서 맨 처음 펴낸 농사책인 《제민요술》에 귀리를 심고 거두는 방법이 나와 있다. 우리나라에는 고려 시대에 원나라 군대가 말을 먹이려고 가져온 것이 퍼졌다고 한다. 고려 때 약초책인 《향약구급방》에 처음 나온다. 《세종실록》에는 백성들에게 귀리를 기르게 하라는 내용이 나온다. "귀리는 보리와 닮았지만 보리알보다 잘다. 바람과 추위에 잘 견디고 메마른 땅에서도 잘 자라고 병에도 강하다. 음력 3월에 씨를 뿌리면 음력 6월에 거둘 수 있다. 밥이나 떡을 만들어 먹으면 백성들에게 큰 도움이 되니 각 도에 심어 기르게 하라."라고 했다. 그 뒤 조선 시대 펴낸 《해동농서》, 《증보산림경제》, 《임원경제지》 같은 농사책에 귀리를 심고 기르는 방법이 나온다. 《아언각비》에는 "연맥은 작맥, 영당맥이라고 하고 사람들은 구우리(귀리)라고 한다."라고 나온다. 귀리(鬼麥)는 조선 후기까지도 이름이 여러 가지였다. 《한정록》에는 작맥(雀麥), 《증보산림경제》에는 귀보리(耳麥), 《해동농서》에는 귀보리(耳麰), 《임원경제지》에는 작맥(雀麥), 《과농소초》에는 구맥(瞿麥)이라고 했다. 제비와 참새가 낟알을 잘 쪼아 먹는다고 연맥(燕麥), 작맥(雀麥)이라고 했다.

귀리는 아무 곳에서나 잘 자란다. 그래서 먹을 것이 모자란 옛날이나 산속 깊이 사는 사람들이 길러 먹었다. 하지만 지금은 귀리를 일부러 심어 기르는 곳이 거의 없어졌다. 강원도, 평안도, 함경도 산골에서 드물게 심는다.

기르기와 거두기

귀리는 메마른 땅에서도 잘 자란다. 추위에도 잘 견디고 가물어도 잘 견딘다. 여름에는 서늘하고 축축하고 겨울에는 따뜻한 곳에서 기르기 알맞다. 자라는데 가장 알맞은 온도는 17~20도이다. 씨앗은 2~3도일 때도 싹이 난다. 한 해에 두 번 농사짓는다. 봄에도 한 번 씨를 뿌리고, 가을에도 또 한 번 씨를 뿌려 기를 수 있다. 자라는 기간은 110~120일쯤 된다.

갈무리

귀리도 쌀알이나 보리알처럼 껍질을 벗겨 낟알을 얻는다. 겉귀리는 껍질이 잘 안 벗겨져서 집짐승 먹이로 많이 쓰고, 쌀귀리는 껍질을 벗겨 밥을 지어 먹거나, 가루를 내서 쓴다. 낟알은 서늘하고 바람이 잘 통하는 곳에 두어 벌레가 안 꼬이게 한다.

병해충

귀리가 잘 걸리는 병은 밀이나 보리가 잘 걸리는 병과 비슷하다. 깜부기병, 녹병, 바이러스병, 붉은곰팡이병, 흰가루병 따위에 걸린다.

싹이 나서 자라기 시작할 때 땅강아지가 흙을 헤집어 들뜨게 한다. 보리굴파리 애벌레, 보리나방 애벌레, 보리잎벌 애벌레, 진딧물 따위가 꼬여 잎을 갉아 먹거나 줄기를 빨아 먹는다. 애우단풍뎅이는 어린싹을 갉아 먹는다.

품종

귀리는 낟알이 깍지에 싸여 있느냐 없느냐에 따라 겉귀리와 쌀귀리로 나눈다. 또 봄에 심는 봄귀리와 가을에 심는 가을귀리가 있다. 빨리 자라는 올귀리와 늦게 자라는 늦귀리도 있다. 이삭이 퍼져서 달리는 귀리가 있고, 한쪽으로 모이는 귀리도 있다.

옛 책

《증보산림경제》(1766)에는 "이 곡식은 풀을 뽑지 않아도 거두어 먹을 수 있어 가꾸는 힘이 덜 든다. 다른 곡식이 잘 안 크는 밭에 널리 씨 뿌리면 많이 거둘 수 있다. 흉년이 든 해에는 떡을 만들거나 밥을 지어 먹는다. 물에 담갔다가 잘 찧어서 여섯 집짐승을 먹이면 아주 좋다."라고 나온다.

《해동농서》(1798)에는 "귀리는 복날에 심고, 1묘에서 10섬을 거둔다."라고 썼다. 《임원경제지》(1842)에는 "지금은 일찍 음력 2월에 심고, 늦게는 음력 3월에 씨를 뿌린다."라고 나온다. 또 "귀리는 한 번 씨를 뿌리면 여러 해 동안 줄곧 나기 때문에, 해마다 김매는 데 힘써야 한다."라고 했다.

쓰임

우리나라에서는 귀리 낟알을 털어서 밥을 짓거나 맷돌에 갈아서
죽을 쑤어 먹었다. 떡이나 국수도 해 먹는다. 요즘에는 사람이 먹
기보다는 집짐승을 먹이려고 많이 심는다. 귀리 짚은 집짐승이
아주 잘 먹는다. 옛날부터 말이나 소 먹이로 많이 썼다. 또 귀리
줄기를 두드려 종이를 만들었다고 한다. 옛날부터 귀리로 해 먹
던 음식으로는 귀리밥, 귀리죽, 귀리국수, 귀리떡, 귀리술, 귀리풀
떼기 따위가 있다. 귀리는 많이 먹어도 소화가 잘 된다. 요즘에는
비누와 샴푸를 만들기도 한다. 서양 사람들은 귀리를 잘 먹는다.
'오트밀'이라고 한다. 영양가가 많고 소화도 잘되어서 우유에 타
서 아침밥으로 먹는다. 또 오트밀을 끓여 죽을 만들거나 빵이나
쿠키를 만들어 먹기도 한다.

귀리는 쌀보다 단백질이 더 많이 들어 있다. 또 보리나 통밀처럼
섬유질이 많다. 그래서 소화도 잘되고 장을 튼튼하게 하고 똥이
굳어 안 나오는 변비를 낫게 한다. 또 콜레스테롤이 몸속에 안 쌓
이게 몸 밖으로 빼 주기 때문에, 핏줄이 굳는 동맥경화증이나 심
장병에 안 걸리게 도와 주고 혈압을 낮춘다. 당뇨병에 걸렸거나
콩팥이 안 좋아 오줌을 시원하게 못 누는 사람이 먹으면 좋다.
《향약집성방》(1433)에는 "맛이 달고 성질은 약간 차다. 독이 없
다. 귀리를 먹으면 몸이 거뜬해지고 열이 내린다. 오랫동안 먹으
면 힘이 나고 건강해진다."라고 나온다. 《동의보감》(1613)에는 "아
기를 힘들게 낳을 때 달인 물을 먹는다."라고 했다.

기장 메기장, 찰기장 *Panicum miliaceum*

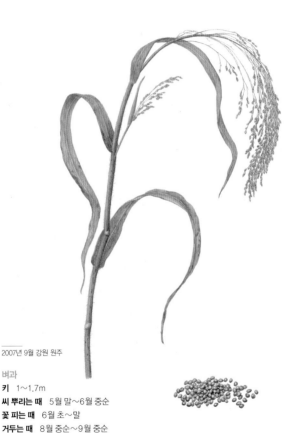

2007년 9월 강원 원주

벼과
키 1~1.7m
씨 뿌리는 때 5월 말~6월 중순
꽃 피는 때 6월 초~말
거두는 때 8월 중순~9월 중순

벼룩기장

붉은기장

황기장

흰기장

회색기장

1. 밭고랑에 40~50cm 사이를 두어 줄뿌림한다.
2. 싹이 나면 너무 일찍 김매기를 하지 않는다. 김매기를 하거나 솎아 낸 뒤에는 뿌리를 흙으로 북 돋워 준다.
3. 싹이 난 지 1주일쯤 지나면 꽃이 피기 시작한다. 열흘쯤 지나면 꽃이 지고 열매가 열린다.
4. 이삭이 반쯤 익으면 바로 베어 낸다. 다 익을 때까지 기다리면 낟알이 쉽게 떨어지고 바람에도 잘 날아간다.

기장은 밭에 심어 기르는 한해살이 곡식이다. 조, 수수와 함께
벼, 보리, 밀보다 먼저 길렀다고 한다. 우리나라 청동기 집터에서
기장 낟알이 나왔다. 《고려도경》에 '흑서(黑黍)'라는 검은기장이
나온다. 《세종실록》 세종 5년(1423) 기록에는 꼬투리 하나에 낟
알이 두 개 들어 있는 기장 이야기가 나온다. 사람들이 신기하게
여겨 씨앗 스무 알을 바치니, 그 뒤로 온 나라에 이 품종이 퍼졌
다고 했다.

기장은 메마른 땅에서도 잘 자라고, 조보다 빨리 여문다. 심은 지
석 달쯤 지나면 낟알이 여문다. 옛날에는 벼나 보리를 키우기 힘
든 깊은 산에서 많이 심어 길렀다. 하지만 거두는 양이 적고 쌀처
럼 밥을 지어 먹기도 마땅치 않아 지금은 드물게 심는다.

쌀에 멥쌀과 찹쌀이 있듯이 기장도 메기장과 찰기장이 있다. 메
기장은 쌀이나 조와 함께 섞어 죽이나 밥을 지어 먹는다. 찰기장
은 너무 차져서 밥보다는 떡을 만들거나 술을 빚거나 엿을 곤다.
낟알을 새나 집짐승 먹이로 쓰기도 하고, 줄기는 지붕을 이거나
땔감으로 쓴다. 이삭으로는 빗자루를 만들기도 한다.

기르기와 거두기

기장은 조처럼 아무 곳에서나 잘 자란다. 마르고 높은 곳을 좋아
하고 낮고 축축한 곳을 싫어한다. 거름기가 없어도 잘 자라고, 따
뜻한 곳에 심으면 쑥쑥 더 잘 자란다. 조나 수수, 옥수수보다 추
위도 꽤 잘 견딘다. 보리를 많이 심는 경북에서는 보리를 베고 난
밭에 흔히 기장을 심었다. 기르는 방법은 조와 비슷하다. 6월이
씨를 뿌리기에 가장 좋고, 7월 중순에 뿌려도 빨리 자라서 벼보다

먼저 거둘 수 있다. 싹은 30~31도 사이에서 가장 잘 난다. 씨를 뿌리고 75~90일이면 다 자란다. 조처럼 봄이나 여름에 씨를 뿌려 여름과 가을에 거둬 먹는다. 낱알이 절반쯤 여물었을 때 베어 거둔다. 베어 낸 뒤에는 몇 묶음씩 묶어 세워 놓는다. 기장을 베면 바로 축축해지니 햇볕에 바짝 잘 말려야 한다. 검은기장은 일찍 거두고 다른 기장은 좀 늦게 거둔다.

갈무리

기장은 벼처럼 낱알을 벗긴 뒤 서늘한 곳에 둔다. 물기 있는 것과 함께 두면 축축해지므로 되도록 마른 곳에 둔다. 《색경》에는 "기장은 볕에 말려야 한다. 물기 있는 것과 함께 두면 눅눅하게 된다."라고 했다. 겨를 벗겨 내는 정도에 따라 쌀처럼 기장현미, 기장쌀이 된다.

병해충

기장은 세균줄무늬병, 줄무늬잎마름병에 잘 걸린다. 세균줄무늬병은 세균 때문에 걸리는데, 씨앗이나 둘레 풀에서 옮는다. 잎과 줄기에 밤색 줄무늬가 생긴다. 줄무늬잎마름병은 애멸구가 옮긴다. 잎에 누런 줄무늬가 생긴다. 또 기장 밭에는 바랭이, 피, 명아주, 여뀌, 비름, 쇠비름, 깨풀, 어저귀 같은 풀이 잘 자란다.

품종

요즘에는 이삭 생김새에 따라 기장을 세 가지로 나눈다. 이삭이 여기저기 마구 퍼지는 산수형, 줄기가 길면서 한쪽으로 쏠리는 기수형, 줄기가 짧고 빽빽한 밀수형 기장이 있다. 우리나라 토박이 기장은 거의 기수형이다. 낟알이 여무는 때에 따라 봄기장, 그루기장으로 나누고, 찰기에 따라 메기장과 찰기장으로 나눈다. 씨앗 색깔에 따라 흰기장, 누런기장, 붉은기장, 벼룩기장, 검은기장, 얼룩이 따위가 있다.

옛 책

《농사직설》(1429)에는 "메마른 땅을 좋아하고 축축한 땅을 싫어한다. 가는 모래와 까만 흙이 반씩 섞여 물이 잘 빠지는 땅에서 기른다."라고 나온다. 또 기장과 들깨를 섞어 심으면 좋다고 했다. 《제민요술》에는 "기장을 심는 밭은 새로 일군 거친 땅이 가장 좋다. 콩 심었던 땅이 그다음이고, 곡식 심었던 땅이 가장 나쁘다. 땅은 꼭 잘 일궈야 하고, 밭은 두 번 가는 것이 좋다. 만약 봄이나 여름에 갈게 되면 씨를 심고 나서 힘들여 흙을 고르게 다듬어야 좋다."라고 나온다. 《범승지서》에는 "기장을 드물게 심으면 비록 그루가 자라더라도 쌀이 누렇게 되고, 거두는 양도 거의 없거나 줄어든다. 빽빽하게 심으면 비록 그루로 자라지는 않더라도 쌀이 희고 고르게 익어 거두는 양도 늘어나니, 드물게 심는 것보다 훨씬 낫다."라고 했다.

쓰임

기장은 쌀과 섞어 밥을 지어 먹기도 하고, 떡이나 죽을 쑤어 먹기
도 한다. 가루를 내어 떡을 쪄 먹으면 맛이 아주 달콤하고 소화가
잘된다. 옛날에는 기장인절미, 기장국수, 기장전병 들도 해 먹었
다. 줄기는 지붕을 이거나 땔감으로 쓰고 집짐승 먹이로도 준다.
유럽과 아메리카에서는 낟알을 껍질째 부수어 돼지에게 먹였다.
그래서 '호그 밀렛(hog millet)'이라는 이름이 붙었다. 이삭으로
빗자루를 만들고, 짚으로 자리를 짜거나 누에 채반을 만든다.

기장에는 단백질과 비타민A가 많이 들어 있다. 팥과 같이 밥을
지어 먹으면 영양을 골고루 먹게 되어 좋다. 토하거나 위에 병이
있을 때 생강과 함께 먹으면 속이 가라앉는다. 폐에 병이 있는 사
람이 먹으면 기운을 북돋워 준다. 《동의보감》(1613)에서는 기장,
붉은기장, 찰기장이 나온다. 기장은 "성질이 따뜻하다. 맛이 달며
독이 없다. 기를 돕고 중초를 북돋는다. 하지만 오랫동안 먹으면
열이 많이 나고 답답증이 생긴다."라고 했다. 붉은기장은 "성질이
따뜻하다. 맛이 쓰며 독이 없다. 기침하면서 기운이 치미는 것과
음식을 먹고 체해서 토하고 설사하는 병을 낫게 한다. 또 목마름
을 멎게 한다."라고 했다. 찰기장은 "성질이 조금 차다(평범하다고
도 한다). 맛이 달며 독이 없다. 대장을 순조롭게 한다. 옻이 오르
거나 옴에 걸려 살갗을 가렵고 허는 것을 낫게 한다. 또 열을 없
앤다. 하지만 오장 기운을 막고 풍(風)이 생기기 때문에 늘 먹어
서는 안 된다."라고 나온다.

메밀 미물 *Fagopyrum esculentum*

2004년 7월 경기 광릉수목원

마디풀과
키 70cm
씨 뿌리기 5월 중순~말, 7월
꽃 피는 때 7~10월
거두기 7월 말~8월 초, 10월

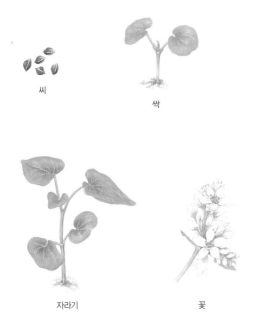

씨

싹

자라기

꽃

1. 메밀 씨는 흩뿌리거나 줄뿌림하거나 점뿌림한다.

2. 싹이 나서 자라면 두 번쯤 솎아 주고 김을 맨다.

3. 씨가 70~80% 여물면 흐린 날이나 아침 이슬이 마르기 전에
   베어서 잘 말린 뒤 낟알을 턴다.

메밀은 거칠고 메마른 밭이나 논에서도 잘 자라는 한해살이 곡식이다. 본디 카슈미르와 네팔을 중심으로 하는 히말라야와 중국 윈난성 서북부 지역에서 자라던 풀이다. 많이 심어 기르는 메밀은 우리나라에서 심는 보통메밀(*F. esculentum*)과 중국, 히말라야 몇몇 곳에서 심는 타타리메밀(*F. tataricum*)이다. 보통메밀은 중국에서 가장 먼저 심어 기른 것 같다. 중국에서는 2000년 전 한나라 때 옛 무덤에서 메밀이 나왔다. 보통메밀은 러시아를 거쳐 유럽으로 퍼졌다.

우리나라에는 5~6세기쯤에 중국에서 들어온 것으로 보인다. 백제 유적지에서 불에 탄 메밀이 나온 것으로 봐서, 우리나라에서는 삼국 시대에 이미 심어 길렀던 것 같다. 책에는 고려 고종 때 펴낸 《향약구급방》(1236)에 메밀이 처음 나온다. 고려 시대 절에서는 메밀로 여러 가지 국수를 만들어 먹었고, 고려 때 승려가 일본에 메밀국수를 전했다고 한다. 또한 조선 세종 때에 펴낸 《구황벽곡방》(1514)에는 굶주릴 때 먹는 곡식으로 나온다. 《동의보감》(1613)에는 '모밀'이라는 우리말 이름이 나온다.

메밀은 웬만한 가뭄에도 잘 견디고 빨리 자란다. 옛날에는 가뭄이 들어서 다른 곡식이 자라지 못하는 메마른 땅에 메밀을 심어서 굶주림을 이겨 냈다. 메밀을 빻아서 가루를 내 메밀묵이나 메밀 부침개, 메밀국수 같은 음식도 만들고 약에도 쓴다.

기르기와 거두기

메밀은 낮 시간이 짧을 때 오히려 꽃이 잘 핀다. 온도가 20도 위로 올라가면 잘 안 큰다. 60~100일쯤이면 다 자라고, 거름을 따로 안 줘도 잘 자란다. 서늘한 날씨를 좋아해서 강원도에서 많이 심는다. 벌이 날아와 꽃가루받이를 한다.

갈무리

메밀은 씨를 털어 거둔 뒤 그때그때 갈아서 먹는다. 가루를 내서 오랫동안 두면 안 좋다.

병해충

메밀은 병해충 피해가 별로 없다. 날이 축축할 때 메밀 잎에 하얀 가루가 번지는 흰가루병에 걸리기도 한다. 거세미나방 애벌레와 진딧물 따위가 꼬이지만 심하지 않다. 씨가 익을 때쯤 새가 날아와 많이 따 먹는다. 또 사슴이나 쥐가 와서 이삭을 훑어 먹는다.

품종

메밀은 아주 오래전부터 길러왔다. 우리나라에는 씨를 일찍 뿌리는 여름메밀 두 품종과 늦게 씨 뿌리는 가을메밀 아홉 품종이 있다. 사람들은 가을메밀을 많이 심는데, 지방마다 토박이 메밀이 있다.

옛 책

《농사직설》에는 "묵밭에 심기 좋다."라고 하면서 "음력 5월에 땅을 갈아 놓고 풀이 우거지면 음력 6월에 다시 간다. 씨 뿌릴 때 또 간다. 밭이 기름지지 않더라도 거름을 많이 주면 많이 거둘 수 있다."라고 했다. 또 "메밀 씨 한 말에 거름이나 오줌재 한 섬쯤 섞는데, 오줌재가 적으면 소와 말 오줌을 나무 구유에 담고서 메밀 씨를 반나절쯤 담갔다가 건진 뒤 소똥이나 말똥을 태워 만든 재에 묻혀 심는다."라고 했다. 또 "열매 아래가 까맣게 익고 위쪽이 아직 하얄 때 베어서 거꾸로 세워 두면 모두 까맣게 익는다."라고 했다. 다 익을 때까지 기다렸다가 베면 아래쪽에 먼저 익은 씨가 떨어지기 때문이다. 《증보산림경제》에는 "메밀과 무를 섞어 심으면 두 가지 다 잘 된다."라고 했다.

쓰임

메밀 씨는 까무스름하다. 그 속에는 밤색이 도는 하얀 녹말이 들어 있다. 껍질째 빻아서 가루를 내 국수를 뽑거나 묵을 쑤어 먹었다. 메밀국수나 막국수, 메밀냉면, 메밀묵 같은 음식이 있다. 또 부침이나 떡, 수제비, 전병을 만들기도 한다. 《농가월령가》에는 10월에 먹는 음식으로 나온다. 메밀 속살로만 가루를 만들면 빛깔이 하얗지만, 껍질째 갈면 누르스름하다. 메밀 가루는 더운 물이 아니라 찬물로 반죽한다. 메밀가루는 날것 그대로 미숫가루처럼 먹을 수 있다. 메밀가루를 날것으로 먹으면 몸속에 사는 기생충을 몰아낸다고 한다. 메밀 싹을 틔워 콩나물처럼 먹기도 한다.

메밀꽃에는 꿀이 많아서 가을에 꿀벌을 치기도 한다. 여름에 강원도 봉평에 가면 아스팔트 길가에 하얗게 핀 메밀꽃을 볼 수 있다. 메밀가루는 가루가 고와서 소화가 잘된다. 또 껍질째 빻은 메밀가루는 똥이 굳어 잘 안 나오는 사람이나 치질에 걸린 사람에게 좋다. 또 메밀에 들어 있는 루틴(Rutin)이라는 성분은 모세혈관을 튼튼하게 만든다. 또 핏속에 있는 콜레스테롤을 낮춰서 혈압이 높은 사람에게 좋고, 혈당을 낮춰서 당뇨병에 걸린 사람에게도 좋다. 메밀에 들어 있는 루틴을 뽑아 약을 만들기도 한다. 메밀 잎은 집짐승을 먹이고, 메밀 깍지로 만든 베개는 가볍고 바람이 잘 통해서 열기를 식히며 몸에 바람이 들어 난 병을 낫게 한다고 한다.

옛 농사책인 《농포문답》에는 "곡식 가운데 힘을 덜 들이면서도 많이 얻는 곡식이 있다. 하나는 수수고, 하나는 차조며, 하나는 메밀이다."라고 하면서, 그 가운데 굶주림을 벗어나는 데는 메밀이 으뜸이라고 했다. 《임원경제지》에는 배고플 때 꽃, 열매, 줄기, 잎 모두를 먹을 수 있어서 으뜸이라고 했다.

《동의보감》에는 "성질이 치우치지 않으면서 차고 맛이 달고 독이 없다. 장과 위를 든든하게 하고 힘이 나게 돕는다. 그리고 여러 가지 병이 생기게 하지만 오장에 쌓인 더러운 것을 몰아내고 정신을 맑게 한다."라고 했다. 하지만 "오랫동안 먹으면 몸에 바람이 들어 머리가 어지럽다."라고 했다. 메밀에는 독이 조금 있는데, 무와 함께 먹으면 이 독이 풀린다고 한다.

밀 소맥 *Triticum aestivum*

벼과
키 1m 안팎
씨 뿌리는 때 10월 초~11월 초
꽃 피는 때 5월
거두는 때 이듬해 6~7월

2008년 5월 전북 익산

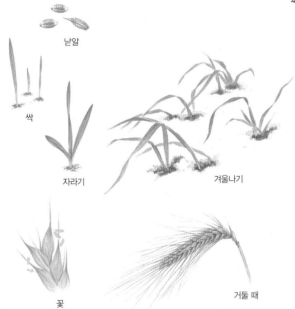

낟알

싹

자라기

겨울나기

꽃

거둘 때

1. 씨를 줄뿌림하거나 흩뿌린다. 씨를 뿌린 뒤 흙을 덮는다.

2. 싹이 나서 1cm쯤 크면 흙을 더 넣어 준다.

3. 잎이 대여섯 장쯤 나면 겨울나기를 한다.

4. 봄이 되면 포기가 늘어나면서 대가 큰다. 5월쯤 꽃이 핀다.

5. 여름 들머리에 이삭이 누렇게 익으면 벤다.

밀은 밭이나 논에 심어 기르는 두해살이 곡식이다. 세계에서 옥수수 다음으로 많이 길러 먹는 곡식이다. 기르기 시작한 지는 1만 년도 더 되었다. 우리가 많이 기르는 밀은 보통 빵밀이라고 하는 '보통밀'이다. 보통밀은 원래 아프카니스탄과 아르메니아 지역에서 자라던 풀이다. 기원전 5000~4000년쯤에 서남아시아와 인도를 거쳐 유럽으로 퍼졌다. 중국에는 기원전 2000년쯤에 인도를 거쳐 중국 남쪽으로 들어왔고, 몽고를 거쳐 중국 북부로도 퍼졌다. 6세기에 펴낸 중국 농사책인 《제민요술》에 보리와 함께 밀을 심고 기르는 방법이 나와 있다. 옛날에는 보리는 '대맥', 밀을 '소맥'이라고 했다. 생김새가 닮았는데 알 크기가 달라서 이런 이름이 붙었다.

우리나라는 중국을 거쳐 들어온 것 같다. 평양 미림리 옛 집터에서 밀알이 나왔는데 기원전 1~2세기 것으로 보인다. 그래서 우리나라에서는 삼국 시대 전부터 밀을 심어 길렀을 것으로 보고 있다. 조선 시대에 펴낸 《증보산림경제》(1766), 《해동농서》(1798), 《임원경제지》(1842) 같은 농사책에 밀을 심어 기르는 방법이 나온다. 그러나 지금은 외국에서 값싸게 들어오는 밀 때문에 토박이 밀을 심는 곳이 아주 적다.

기르기와 거두기

밀은 보리처럼 가을에 씨를 뿌려서 어린잎으로 겨울을 나고 이듬해 봄부터 쑥쑥 자라서 여름 들머리가 되면 다 여문다. 보통 콩이나 조를 거두어들이고 난 뒤에 그 밭에 심는다. 기온이 0도여도 싹이 튼다. 25~30도일 때 가장 잘 자란다.

갈무리

밀은 가루로 빻아 갈무리한다. 그런데 밀가루는 다른 곡식보다 갈무리해 두기가 까다롭다. 조금만 축축하거나 오래 두면 벌레가 생기고 묵은내가 나며 썩는다. 바람이 잘 통하고 서늘한 곳에 둔다.

병해충

밀도 보리와 마찬가지로 어린잎으로 겨울을 나기 때문에 어릴 때는 큰 병이 없다. 봄에 크게 자라기 시작할 때 병에 걸리거나 벌레가 꼬인다. 잘 걸리는 병은 녹병, 붉은곰팡이병, 흰가루병, 깜부기병 따위가 있다. 잘 꼬이는 벌레는 나방 애벌레, 진딧물, 멸강나방 애벌레 따위가 있다.

품종

밀 품종은 《금양잡록》(1492)에 참밀과 막지밀이 처음 나온다. 그 뒤로 《행포지》(1825)에 참밀, 막지밀, 증밀, 번맥, 나맥, 관맥, 간맥, 흑룡강맥 여덟 가지 품종이 나온다. 그 뒤로 1910~1945년에는 재래종, 앉은뱅이밀, 장언시나, 봉산소, 나도, 재령맥, 진천재래, 늘밀, 임실승소맥 같은 아홉 가지 토박이 밀을 길렀다. 이때 일본과 미국에서 다른 품종이 들어왔다.

우리나라 토박이 밀인 앉은뱅이밀은 일본으로 건너가 '달마'라는 품종이 되었고, 달마는 다시 '농림10호'라는 품종이 되었다. 이

농림10호는 나중에 미국으로 건너가 'Norin 10/Brever'라는 품종을 거쳐 '게인스'라는 품종이 되었다. 이 품종이 앉은뱅이밀처럼 키가 작아 잘 쓰러지지 않고 낟알이 보통밀보다 훨씬 많이 달린다. 이 품종은 지금 온 세계에서 가장 많이 심어 기르는 밀이 되었다. 밀은 온 세계에 22가지 품종이 있다.

토박이 밀은 추위에 강하고 늦게 여문다. 키가 크고 이삭이 가늘고 길다. 까락은 길고 빨간 낟알이 많다. 지금은 토박이 밀이 거의 사라졌다.

옛 책

《증보산림경제》에는 "밀은 까락이 길고, 누렇게 익는다. 기름진 땅이든 메마른 땅이든 다 잘 자란다. 심는 때는 보리와 같다."라고 나온다. 또 "보리와 밀은 익는 대로 베고 마당에 거두어 놓고 거적을 덮어 비를 안 맞게 한다."면서 "삼복 볕에 말리는 것이 좋다."라고 했다. 《해동농서》에는 "음력 9~10월에 심는데, 심는 법은 보리와 같다."면서 "너무 늦게 심으면 추워져서 먹을 것이 모자란 까마귀가 날아와 씨를 먹어 치운다. 그러면 싹이 드물게 나고 거두는 양이 적다."라고 했다. 《임원경제지》에는 "보리나 밀은 씨 뿌릴 때 날씨가 모두 맑아야 한다. 만약 비가 내릴 때 밭을 갈거나 씨를 뿌리면 흙이 딱딱하게 굳어서 보리와 밀이 잘 안 자란다."라고 했다.

쓰임

밀알은 쌀과 보리와 달리 밥을 지어 먹기보다 가루를 내서 먹는다. 밀가루로는 여러 음식을 만들어 먹는다. 빵이나 과자, 국수나 수제비뿐만 아니라 전을 부치거나 튀김옷으로 쓴다. 밀가루는 끈기가 있어서 빵이나 국수를 만들기에 아주 좋다. 풀도 쑨다. 또 통밀로는 누룩을 만들어 막걸리를 빚기도 한다. 밀짚으로는 모자나 방석을 짠다.

밀가루는 다른 곡식 가루와 달리 글루텐이라는 성분이 있다. 이 성분 때문에 물을 넣고 반죽을 하면 끈기가 있어 잘 달라붙는다. 글루텐이 얼마나 많이 들어 있느냐에 따라 밀가루는 강력분, 중력분, 박력분으로 나눈다. 강력분이 가장 많이 들어 있고, 박력분이 가장 덜 들어 있다. 강력분으로 빵을 만들고, 중력분으로 국수를 만들고, 박력분으로 과자를 만든다.

호밀 호맥, 흑맥 *Secale cereale*

2008년 5월 전북 익산

벼과
키 1~2m
씨 뿌리는 때 9월 말~10월 중순
꽃 피는 때 5월
거두는 때 6월 말

호밀은 밭에 심어 기르는 두해살이 곡식이다. 밀이 자라지 않는 춥고 메마른 땅에서도 잘 자란다. 생김새와 심어 기르는 방법이 밀과 닮았다. 호밀은 밀보다 낟알이 더 작고 갸름하다. 밀처럼 가을에 심어 겨울을 나고 이듬해 이른 봄에 거둔다. 밀보다 추위에 더 강하다. 키가 밀보다 훨씬 크게 자라서 사람 키보다 훌쩍 크고, 잎과 까락이 밀이나 보리보다 더 부드럽다.

호밀은 이란 북동부 지방이나 투르키스탄에서 자라던 풀이다. 보리나 밀보다는 훨씬 늦은 기원전 3000~2500년쯤부터 심어 기르기 시작했다. 중국에는 5세기쯤에 퍼졌지만, 우리나라에는 1921년 독일에서 가져와 기르기 시작했다. 하지만 그 뒤로도 거의 심어 기르지 않는다. 밀과 호밀을 꽃가루받이 시켜 라이밀이라는 잡종을 만들었다. 밀보다 낟알이 통통하고 많이 달리게 만든 품종인데, 사람이 맨 처음으로 일부러 만들어 낸 품종이다.

호밀은 밀보다 찰기가 덜 하다. 그래서 여러 음식을 만들기보다 빵을 만들어 먹는다. 북유럽 사람들은 호밀 빵을 밥처럼 먹는다. 빵이 거무스름해서 흑빵이라고 한다. 밀가루 빵보다 시큼하고 거칠고 단단하지만 영양가는 훨씬 더 많다. 장을 튼튼하게 하고 변비에 안 걸리게 하며 여러 가지 암을 막는다. 혈압이 높거나 살이 많이 찌거나 당뇨병에 걸린 사람에게 좋다. 또 호밀로 위스키나 흑맥주, 보드카 같은 술을 담근다. 집짐승을 먹이기도 한다.

벼 베, 나락 *Oryza sativa*

2008년 9월 충북 청원

벼과
키 50~130cm
씨 뿌리는 때 4월 말~5월 중순
모내기하는 때 5월 말~6월
꽃 피는 때 7~9월
거두는 때 10월 초~중순

찹쌀 흰쌀 현미

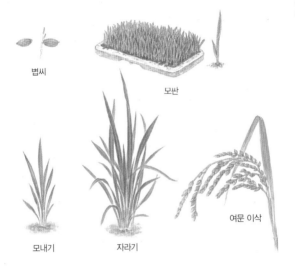

볍씨

모판

모내기

자라기

여문 이삭

1. 잘 여문 볍씨를 골라 소금물에 담그고 손으로 저어 가라앉은
   볍씨만 건져 낸다. 4월쯤 볍씨를 물에 담가 싹을 틔운다. 싹이 난
   볍씨를 못자리나 모판에 뿌려 한 달쯤 키운다.
2. 6월 초쯤에 모종을 논에 옮겨 모내기를 한다.
3. 모내기를 마치고 열흘쯤 지나면 벼 포기가 늘어난다.
4. 장마가 지나고 나면 이삭이 팬다. 여름 내내 쌀알이 영근다. 때때로
   피나 방동사니 같은 풀을 뽑는다.
5. 가을에 벼가 노랗게 여물어 고개를 숙이면 벤다. 이때는 논에 물을
   빼 바닥을 말린다.

벼는 논이나 밭에서 심어 기르는 한해살이 곡식이다. 주로 우리나라나 동남아시아 사람들이 끼니로 먹는데 옥수수, 밀과 함께 세계에서 많이 심는 곡식 가운데 하나이다. 온 세상 사람 절반쯤이 쌀을 먹는다.

벼는 본디 인도 아샘 지방이나 중국 윈난성에서 자라던 풀이다. 6000~1만 년 전부터 심어 길렀다. 6세기쯤 중국에서 맨 처음 펴낸 농사책인 《제민요술》에는 논벼와 밭벼를 나누고, 심고 기르는 법을 자세히 써 놓았다.

벼는 중국에서 들어왔는데 북쪽 땅을 거쳐 들어왔다고도 하고, 산둥반도에서 서해 바닷길로 들어왔다고도 한다. 한강이나 대동강 어귀에서 맨 처음 벼를 기르기 시작한 뒤 서해 바닷가를 따라 남쪽으로 퍼진 것 같다. 요즘에 충북 청원에서 만 오천 년 지난 볍씨를 찾아내 우리나라에서 맨 처음 벼를 길렀다고 주장하기도 한다.

《삼국사기》에는 1세기에 백제, 신라, 고구려에서 벼를 많이 길렀고, 전북 김제에 벽골지라는 저수지를 만들어 물을 댔다고 나온다. 고려 때는 물푸개를 써서 논에 물을 댔다. 하지만 고려 때까지도 우리나라 농사책이 없었다. 조선 시대에 《농사직설》(1429)이라는 농사책을 맨 처음 펴냈다. 《농사직설》에는 오늘날과 크게 다르지 않는 방법으로 벼를 키우는 내용이 나온다. 볍씨를 물에 담가 쭉정이를 골라내고, 가을과 봄에 논을 갈고, 논에 거름을 주고 새 흙을 뿌린 뒤 심는다고 나온다. 하지만 지금과 달리 논과 밭에 씨를 곧장 흩뿌려 길렀다. 그 뒤로 여러 농사책에 여러 품종과 기르는 방법이 줄곧 나온다. 지금은 품종을 개량해 빨리 여무는 벼, 병충해에 강한 벼, 이삭 수가 많은 벼, 낟알이 큰 벼, 맛이 더 좋은 벼 따위를 개발하여 심고 있다. 지금도 좀 더 맛있고 많이 거두는 벼 품종을 만들려고 애쓰고 있다. 그러나 거꾸로 우리 토박이 볍씨를 찾아서 기르는 사람들도 있다.

기르기와 거두기

벼는 따뜻한 날씨를 좋아한다. 봄에 모내기를 하고, 가을에 거둔다. 곡식 가운데 물을 댄 논에서 기르는 곡식은 벼뿐이다. 논에 물을 가두고 기르는 논벼는 그때그때 물을 잘 대고 빼야 한다. 심은 지 다섯 달쯤 걸리면 알곡을 거둘 수 있다. 벼는 가을에 이삭이 누렇게 익으면 고개를 푹 숙인다. 낟알은 왕겨라고 부르는 겉껍질에 싸여 있다. 왕겨를 벗겨 내면 우리가 먹는 쌀이 나온다. 밭에서 기르는 벼도 있다.

갈무리

거둔 낟알을 햇볕에 잘 말린 뒤 왕겨를 벗겨 낸다. 쌀은 축축하지 않고 바람이 잘 통하고 서늘한 곳에 둔다. 항아리에 넣어 두면 벌레가 잘 안 꼬여서 좋다. 쌀독에 마늘이나 사과를 함께 넣어 두면 벌레가 안 꼬인다.

병해충

벼에는 벼멸구, 이화명나방 애벌레, 매미충 같은 벌레가 잘 꼬인다. 또 마름병, 도열병이 돌면 벼가 말라 죽는다. 피나 방동사니 같은 풀도 벼와 함께 잘 자란다. 사람들은 쌀을 많이 거두려고 농약을 많이 친다. 하지만 농약은 사람에게도 안 좋고 여러 가지 이로운 벌레까지 다 죽인다. 그래서 요즘에는 논에 약을 안 치고 우렁이나 오리를 풀어 기르기도 한다. 우렁이와 오리가 잡풀을 갉아 먹고 벌레를 잡아먹는다.

품종

온 세계에는 세 가지 벼가 있다. 우리나라나 일본에서 심는 자포니카(japonica) 아종, 인도나 동남아시아에서 심는 인디카(indica) 아종, 자바와 필리핀, 브라질에서 심는 자바니카(javanica) 아종으로 나눈다.

사람들은 흔히 논벼와 밭벼, 멥쌀과 찹쌀로 나눈다. 멥쌀은 속이 맑은데 찹쌀은 뽀얗다. 하지만 벼는 가장 오랫동안 심어왔기 때문에 여러 가지 품종이 있다.

벼는 《농사직설》(1429)에 '조도(早稻)와 만도(晚稻), 산도(山稻)'라는 이름으로 처음 나온다. 우리말로 올벼와 늦벼, 산벼라는 뜻이다. 《금양잡록》(1492)에는 스물여섯 가지 벼가 나온다. 《농가집성》(1655)에는 스물다섯 가지 벼가 나온다. 《산림경제》(1700)에는 《금양잡록》에 나온 벼에 아홉 가지 벼를 더해 서른다섯 가지 벼가 나온다. 《해동농서》(1798)에는 서른아홉 가지 벼가 나온다. 《임원경제지》(1842)에는 170가지 벼가 나온다. 일제 강점기에는 1451가지 벼 품종이 나온다. 하지만 이제는 수많던 토박이 벼들이 많이 사라졌다. 지금은 토박이 볍씨를 400종쯤 모아 두었지만 실제로 기르는 벼는 훨씬 적다.

옛 책

《농사직설》에는 "벼가 잘 자라려면 풀을 잘 매야 한다. 서너 차례 매 준다."라고 했다. 《한정록》에는 "누렇고 흰 땅에는 벼를 심고, 검고 마른 땅에는 보리를 심고, 붉은 땅에는 조를 심는다. 낮고 축축한 땅에는 벼가 좋다."라고 나온다. 《색경》에는 "모가 자라서 7~8치쯤 크면 풀도 다시 자란다. 이때에 낫을 물에 넣어 풀을 벤다. 그러면 풀이 모두 시들어 죽는다. 모가 더 자라면 다시 풀을 뽑아낸 뒤 물을 뺀다. 그러면 뿌리가 볕을 쬐어서 땅에 튼튼하게 내린다. 때를 잘 살펴서 가물면 물을 댄다. 벼가 거의 여물 때쯤에는 또다시 물을 뺐다가 서리가 내리면 벼를 벤다. 일찍 베면 쌀알이 맑지만 다 여물지 않고, 늦게 베면 낟알이 많이 떨어져서 버리는 것이 많다."라고 했다.

쓰임

우리나라 사람들이 늘 끼니로 밥을 먹는다. 쌀은 겉껍질인 왕겨를 벗기고 쌀을 깎아내는 정도에 따라 크게 현미, 백미로 나눈다. 현미는 왕겨만 벗겨 낸 쌀이다. 쌀알이 노르스름하다. 백미는 왕겨를 벗겨낸 뒤에도 속겨를 여러 번 깎아서 쌀알이 하얗다. 쌀겨를 많이 벗겨 낼수록 먹기에는 좋지만 영양기는 줄어든다. 그래서 현미에 영양가가 훨씬 더 많다. 하지만 거칠고 밥맛이 덜 하다고 사람들은 백미를 더 많이 먹는다. 쌀로는 죽, 떡, 전, 찜, 케익, 과자 따위를 만들고, 막걸리와 동동주를 담근다. 멥쌀로는 밥을 많이 해 먹고, 찹쌀로는 떡이나 술, 엿을 만든다.

보리 맥, 겉보리 *Hordeum vulgare*

2008년 5월 전북 익산

벼과
키 40∼100cm
씨 뿌리는 때 10월 초∼11월 초
꽃 피는 때 4∼5월
거두는 때 이듬해 5∼6월

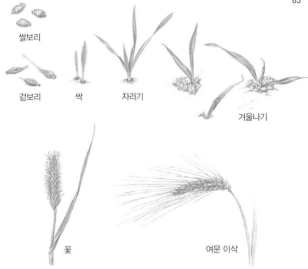

쌀보리

겉보리 　싹 　자라기

겨울나기

꽃 　여문 이삭

1. 물에 불린 씨를 밭에 흩뿌리거나 점뿌림한 뒤 살짝 흙을 덮는다.
   보리는 땅이 산성이면 안 자란다. 미리 석회를 뿌려서 땅을 일군다.
2. 씨를 뿌린 지 일주일쯤 지나면 싹이 튼다. 한 달쯤 지나면 포기가
   늘어난다. 너무 배게 나면 솎는다.
3. 잎이 서너 장 나면 밭에 흙을 더 넣고 겨울에 싹이 들뜨지 않게
   보리밟기를 한다. 겨울이 지나면 보리밭에 거름과 흙을 더 넣는다.
4. 4~5월에 보리 꽃이 핀다. 5월 말부터 6월까지 보리가 노랗게
   익으면 베어 낟알을 턴다.

보리는 밭이나 논에 심어 기르는 두해살이 곡식이다. 보리는 알이 두 줄로 달리는 두줄보리와 여섯 줄이 달리는 여섯줄보리가 있다. 두줄보리는 서남아시아에서 자라던 풀이고, 여섯줄보리는 중국 양쯔강 둘레에서 자라던 풀이라고 여긴다. 지금부터 7000~10000년 전부터 심어 길렀다고 한다. 온 세계에서 옥수수, 밀, 쌀 다음으로 많이 나는 곡식이다.

중국에서는 은나라 때 갑골문자에 보리라는 글자가 나온다. 보리는 아주 오래전부터 다섯 가지 중요한 곡식 가운데 하나로 여겼다. 우리나라에서는 2500~3000년 전쯤부터 심었다고 여겨진다. 중국을 거쳐 들어와 퍼진 것 같다. 《삼국유사》에 보면 고구려를 세운 주몽이 부여에서 도망칠 때 주몽 어머니인 유화가 비둘기 목에 보리 씨를 달아 보냈다는 이야기가 나온다. 《삼국사기》에는 고구려와 신라 때 하늘에서 우박이 내려 콩과 보리 농사를 망쳤다는 이야기도 나온다. 적어도 우리나라 삼국 시대에는 보리를 심어 길렀다고 볼 수 있다. 조선 시대 농사책에는 보리를 심고 기르고 거두는 방법이 빠지지 않고 잘 나와 있다.

기르기와 거두기

보리는 가을에 씨를 뿌려서 싹으로 겨울을 나고 이듬해 장마가 지기 전에 거둔다. 메마른 땅에서도 잘 자란다. 보통 콩이나 조를 거두어들이고 난 밭에 뿌리거나 논에 뿌린다. 자라기 가장 알맞은 온도는 20~25도이다. 3~4도에서도 얼어 죽지 않는다. 월 평균 기온이 영하 7도 밑으로 내려가면 잘 자라지 않는다. 추위를 잘 견뎌서 여름에 벼농사를 짓고 겨울에 보리농사를 짓는다.

갈무리

낱알을 털어 사나흘 말린다. 햇볕에 말려 뜨거울 때 항아리에 넣어 갈무리한다. 뜨거울 때 갈무리해야 바구미가 안 생긴다. 밥 지을 때 그때그때 껍질을 벗겨 먹으면 좋다.

병해충

보리는 겨울을 나기 때문에 병에 잘 안 걸리고 벌레가 잘 안 꼬인다. 이듬해 봄에 자랄 때 붉은곰팡이병, 흰가루병, 깜부기병에 걸린다. 깜부기병에 걸리면 낱알이 까맣게 바뀐다. 잘 꼬이는 벌레는 진딧물, 멸구, 바구미, 나방 애벌레, 굴파리 애벌레 따위가 있다. 또 땅강아지가 뿌리를 갉아 먹고, 낱알이 여물 때 새가 날아와 낱알을 쪼아 먹는다.

품종

사람들은 흔히 봄보리와 가을보리, 겉보리와 쌀보리로 나눈다. 봄보리는 이른 봄에 심어 여름 들머리에 거두고, 가을보리는 가을에 심어 이듬해 여름에 거둔다. 겉보리는 껍질이 잘 안 까지는데 쌀보리는 껍질이 잘 까진나. 또 두줄보리와 여섯줄보리가 있다. 우리나라 토박이 보리는 모두 여섯줄보리다.

우리나라에서 기르는 보리 품종이 맨 처음 나온 책은 《금양잡록》(1492)이다. 이때에는 가을에 심는 가을보리와 봄에 씨 뿌리는 봄보리가 나오고, 어느 때나 뿌리는 양절보리가 나온다. 또 까락도 없고 겨도 없고 누르스름하게 익는 쌀보리도 나온다. 그 뒤로 펴낸 농사책은 《금양잡록》과 똑같이 보리를 나누었다. 《행포지》(1825)에 와서 가을보리, 봄보리, 양절보리, 쌀보리 말고도 중보리, 얼보리, 한아보리, 춘조보리, 검은보리, 동맥 같은 품종이 더 나온다. 하지만 지금 기르는 보리가 이 가운데 어떤 보리였는지는 뚜렷하지 않다. 옛 이름을 그대로 가지고 있는 보리로는 중보리, 동맥 따위가 있다.

옛 책

《농사직설》에는 "보리와 밀은 햇곡식과 묵은 곡식 사이에서 먹을거리를 이어 주기 때문에 농삿집에 가장 중요하다."라고 했다. 《증보산림경제》에는 "가을보리는 음력 8월 그믐에 씨를 뿌리고 이듬해 음력 5월 초에 익는다. 봄보리는 음력 2월 초에 얼음이 풀리면 심는다. 음력 5월에 익는다."라고 하고, "가을보리는 축축한 땅과 바람을 싫어하고 메마른 땅을 좋아한다. 반드시 언덕으로 둘러싸여 물기가 쉽게 마르고 바람이 안 닿는 땅에 씨를 뿌려야 한다."라고 했다. 《해동농서》에는 "보리와 밀은 기름지지 않고 메마른 땅에는 백로 때 심고, 중간쯤 가는 밭이라면 추분 때 심고, 좋은 밭이면 추분이 지나고 열흘 뒤에 심는다."라고 나온다. "보리 거둘 때는 불 끄듯 한다."라는 말이 있다. 비가 오기 전에 얼른 거두라는 말이다. 《임원경제지》에는 "재가 없으면 보리는 씨를 못 뿌린다."라는 말이 나온다.

쓰임

보리는 옛날에 쌀이 떨어져 먹을 것이 없을 때 밥으로 먹던 매우 중요한 곡식이다. 여름 들머리에 거두어들여서 쌀이 나오는 가을까지 밥을 지어 먹었다. 보리밥은 하얀 쌀밥보다 영양가가 더 뛰어나고 소화도 잘된다. 옛날에는 곡식이 똑 떨어지고 보리가 아직 채 여물지 않아 먹을 것이 없을 때를 '보릿고개'라고 했다.

보리는 가루를 내어 고추장, 된장을 담그고, 보리알을 물에 담갔다가 싹이 나면 햇볕에 말려 엿기름을 만든다. 엿기름으로는 식혜나 조청, 엿을 만든다. 겉겨를 벗기지 않고 통째로 볶아서 보리차를 만들기도 한다. 또 빵을 만들거나 맥주나 양주 같은 술을 빚는다.

보리는 겨울을 나는 곡식이라서 열을 내리게 하는 성질이 있다. 그래서 아기들이 열날 때 보리차를 먹인다. 보리에는 쌀에 없는 비타민B$_1$이 많이 들어 있어서 쌀만 먹을 때 잘 걸리는 각기병에 안 걸리게 해 준다. 또 쌀보다 섬유질이 많아서 변비에도 좋고 장이 튼튼해지고 대장암이 안 생기도록 돕는다. 《동의보감》(1613)에는 설사를 멎게 하고 오장을 든든하게 하고 줄곧 먹으면 살찌고 튼튼해진다고 나온다. 또 오랫동안 먹으면 머리털이 하얗게 세지 않는다고 했다. 보리는 밀처럼 가을에 심은 것이 좋고, 봄에 심은 것은 약 기운이 덜하기 때문에 효과가 적다고 나온다. 또 엿기름은 소화가 잘되게 도와서 체했을 때 먹으면 얹힌 것이 내려간다고 나온다.

수수 슈슈, 촉서, 고량 *Sorghum bicolor*

2008년 9월 충북 청원

벼과
키 2∼3m
씨 뿌리는 때 5월 초∼중순
꽃 피는 때 7월
거두는 때 9월 중순∼10월

싹

자라기　　　　　　　　　　　말리기

1. 씨를 흩뿌려서 모종을 키운다.
2. 30~40cm쯤 띄워서 모종을 심는다.
3. 모종이 자랄 때는 풀도 많이 자라기 때문에 자주 김을 맨다.
4. 크게 자랄 때 가지치기를 한다.
5. 잎줄기가 누렇게 시들고 낟알이 껍질 밖으로 삐져나올 때 거둔다.

수수는 밭에 심어 기르는 한해살이 곡식이다. 옥수수, 밀, 벼, 보리에 이어 온 세계에서 다섯 번째로 많이 기르는 곡식이다. 수수는 기원전 5000년 전쯤 아프리카 적도에 있는 에티오피아와 수단 지방에서 자라던 풀이라고 한다. 고대 이집트에서는 기원전 3000년쯤부터 수수를 길렀다. 중국에는 4세기쯤에 인도에서 들어와 오곡 가운데 하나로 여기며 심어 길렀다고 한다. 우리나라에는 중국에서 들어온 것 같다. 함경북도 회령에서 나온 청동기 시대 유적에서 수수가 나왔고, 경기도 혼암리 선사 시대 집터에서도 수수 껍질이 나온 걸로 미루어 보아 아주 오래전부터 수수를 기른 것 같다.

사실 기장, 조, 수수는 벼, 보리, 밀보다 앞서 기르던 곡식이다. 우리나라에서는 콩밭에 드문드문 섞어 심거나 밭두렁에 심는다. 키도 크고 잎도 길쭉해서 바람이 불면 서로 몸을 비비며 '슈슈슈 슈슈슈' 소리가 난다. 《동의보감》에 우리 이름으로 '슈슈'라고 나온다. 처음에는 잎과 줄기가 풀빛이지만 시나브로 붉은 밤색으로 바뀐다.

기르기와 거두기

수수는 날이 덥고 마른 땅에서도 잘 자란다. 가장 알맞은 온도는 32~33도이다. 보리나 밀을 거둔 밭에 수수만 심기도 하지만 감자나 콩 따위를 심고 그 사이에 심거나 밭두렁에 심어도 잘 자란다. 심은 지 석 달쯤 지나면 거둘 수 있다.

갈무리

수수가 빨갛게 여물면 이삭을 베어 다발로 묶는다. 다발을 이삭이 아래로 오도록 거꾸로 높은 곳에 매달아 그늘에서 말린다. 잘 마르면 멍석 위에 널어놓고 도리깨나 방망이로 낟알을 떨어낸다.

병해충

수수는 줄무늬세균병, 탄저병, 자줏빛 구름무늬병 같은 병에 걸린다. 하지만 심하지 않다. 땅에 질소가 많으면 탄저병에 잘 걸린다. 수수가 잘 여물면 새가 날아와 낟알을 까먹는다. 또 조명나방이나 멸강나방 애벌레, 진딧물, 노린재, 왕담배나방 애벌레 따위가 꼬인다.

품종

수수는 찰기에 따라 밥이나 떡을 해 먹는 찰수수와 집짐승 먹이나 술을 만드는 메수수가 있다. 쓰임에 따라 낟알을 먹는 낟알수수, 설탕을 얻는 사탕수수, 빗자루를 만드는 비수수, 잎과 줄기를 짐승 먹이로 쓰는 사료수수가 있다.

우리나라에서 오래전부터 길러 왔기 때문에 옛날부터 여러 품종이 있다. 옛날에는 수수는 '촉서(蜀黍)', '당서(唐黍)'라고 했다. 옛날 농사책인 《금양잡록》(1492)에는 '뭉애수수[無應厓唐黍], 쌀수수[米唐黍], 맹간수수[盲干唐黍]'라고 하는 여러 수수가 나온다. 그 뒤 《고사신서》(1771)에는 '몽준수수[蒙駿唐黍], 추사수수[秋

似黍]'가 더 보태졌다.

《행포지》(1825)에는 '뭉애수수, 쌀수수, 맹간수수, 용의꼬리수수[龍尾蜀黍], 몽둥이수수[木椎蜀黍], 흰수수[白蜀黍], 말꼬리수수[馬尾蜀黍] 같은 7품종이 나오고 '청량(靑粱), 황량(黃粱), 백량(白粱)'이라는 고량 품종이 또 따로 적혀 있다.

오늘날에는 수수 생김새나 쓰임새, 익는 때, 색깔, 기르는 곳에 따라 이름이 붙는다. 98종이 있다고 한다. 많이 기르는 토박이 수수로는 메수수, 찰수수, 꼬마단수수, 꼬부랑수수, 너리수수, 느르뱅이수수, 단장수수, 몽당수수, 단수수, 당목수수, 비수수, 비목수수, 장목수수, 찰수수, 그루수수, 까치수수, 흰수수, 빗자루수수, 무안수수, 서산재래 따위가 있다. 다른 나라에서 설탕을 얻으려고 많이 기르는 사탕수수(Saccharum officinarum)는 우리나라 수수와는 다른 식물이다.

옛 책

《농사직설》에는 "수수는 낮고 축축한 땅에 알맞고 높고 메마른 곳에는 알맞지 않다. 음력 2월에 일찍 씨를 뿌리고, 호미질을 두 벌까지 안 해도 많이 거둔다."라고 하였다. 《증보산림경제》에서는 "음력 2월에 일찍 심고 여러 번 김매지 않아도 많이 거둘 수 있다."라고 했다. 《농정전서》에서는 "낮은 땅에서는 꼭 일찍 씨를 뿌려야 좋다. 그리고 청명 앞뒤로 반드시 김을 맨다."라고 했다.

쓰임

찰수수로는 수수팥떡이나 쌀과 섞어 밥을 짓는다. 밥에 넣으면 수수가 쫄깃쫄깃해서 입맛을 돋운다. 오래전부터 아기들 생일에 는 수수팥떡을 꼭 내놓는다. 수수는 색깔이 빨개서 나쁜 기운을 물리친다고 믿었기 때문이다. 수수 가루 반죽에 팥소를 넣고 만 두처럼 빚어서 부침개를 부쳐 먹는데, '수수부꾸미'라고 한다.

메수수는 집짐승 먹이로 쓰거나 술을 빚거나 엿을 고아 먹는다. 중국에서 수수로 만든 술을 '고량주'라고 하고, 우리나라에서는 문배주를 수수와 조로 만든다. 집짐승을 먹일 때는 잎과 대를 날 것으로 먹이면 안 되고 꼭 잘 말려서 먹여야 한다. 날잎과 대에는 독성이 있다.

줄기껍질을 까서 속을 씹으면 단물이 제법 나온다. 씨를 털고 난 이삭을 모아 묶으면 수수빗자루가 된다. 마른 수숫대를 수수깡 이라고 한다. 수수깡을 엮어서 장난감을 만들거나 울타리를 치기 도 하고, 시골집을 지을 때 흙벽 속에 엮어 넣었다.

《본초강목》(1596)에는 "수수를 먹으면 속이 따뜻해지고, 장과 위 가 튼튼해지며, 음식을 먹고 체해서 토하고 설사하는 병을 낫게 한다."라고 했다. 또 수수 뿌리를 달여 먹으면 오줌이 잘 나온다고 한다.

옥수수 강냉이, 옥시기, 가내수기, 갱내 *Zea mays*

2008년 8월 충북 청원

벼과
키 1~3m
씨 뿌리는 때 4월 말
모종하는 때 5월 중순
꽃 피는 때 7~8월
거두는 때 7~10월

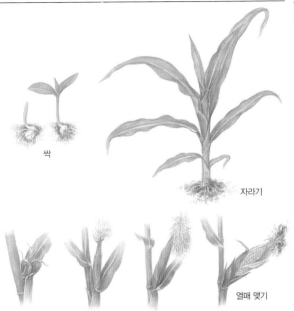

싹

자라기

열매 맺기

1. 씨는 두세 알씩 30cm쯤 띄워서 점뿌림한다. 심은 지 일주일쯤
   지나 싹이 나온다. 싹 트면 두세 번 솎아 내고 김매고 북을 준다.

2. 심은 지 한 달쯤 지나면 키가 1.5m쯤 큰다. 곁가지가 나오면 꺾어 준다.

3. 심은 지 한 달 반쯤 지나면 꽃이 핀다. 옥수수수염은 처음에
   하얗다가 꽃가루받이를 하면 빨갛게 바뀐다. 꽃가루받이를 하면
   옥수수가 한꺼번에 열린다.

4. 옥수수수염이 마르기 시작하면 옥수수를 딴다.

옥수수는 밭에 심어 기르는 한해살이 곡식이다. 본디 멕시코 남부와 볼리비아가 있는 남아메리카 북쪽 안데스 산맥에서 자라던 풀이다. 멕시코와 안데스 산맥 사람들은 7000년 전쯤부터 옥수수를 심어 길렀다고 한다. 중앙아메리카 사람들은 우리나라 사람들이 쌀을 먹듯이 옥수수를 먹는다. 그 뒤 온 아메리카 대륙에 널리 퍼졌다. 콜럼버스가 쿠바에서 기르던 옥수수를 1492년에 처음 스페인으로 가져간 뒤 온 유럽에 퍼졌다. 아시아에는 16세기 초에 인도를 거쳐 중국으로 퍼졌다. 중국 옛 약초책인 《본초강목》(1596)에 옥수수가 처음 나온다. 우리나라에는 중국에서 500년 전쯤에 들어왔다. 고려 시대에 원나라 군대가 가지고 들어왔다고도 하고, 조선 시대에 명나라에서 가지고 왔다고도 한다. 중국 사람들은 '옥촉서(玉蜀黍)'라고 쓰고 '위수수'라고 읽는데, 위수수가 우리 이름인 '옥수수'가 되었다.

기르기와 거두기

지금 옥수수는 온 세계에서 벼와 밀만큼 많이 먹는 곡식이다. 옥수수 한 알을 심으면 500알을 얻을 수 있다. 옥수수 꽃에는 색과 냄새가 없다. 그래서 벌이나 나비가 오지 않고 바람이 꽃가루받이를 해 준다. 같은 그루끼리는 꽃가루받이를 하지 않아서 여러 그루를 한데 심어야 열매가 열린다. 그래서 하얀 옥수수와 까만 옥수수를 심으면 옥수수 알이 까맣고 하얀 알록달록한 옥수수가 열리기도 한다. 우리가 옥수수수염이라고 하는 것은 암꽃에 난 암술머리다. 암술 하나에 옥수수 알이 하나씩 열린다. 그래서 수염 개수와 알맹이 개수가 똑같다. 자라기 알맞은 온도는

26~32도이고, 10도 밑으로 내려가면 안 자란다. 옥수수는 거름을 많이 주어야 한다. 하지만 콩 심은 곳 둘레에 심으면 거름을 덜 줘도 된다. 처음 심고 나서 열흘 사이로 여러 번 심으면 열매를 차례로 따 먹을 수 있다. 우리나라에서는 강원도에서 많이 심는다.

갈무리

옥수수는 수염이 말랐을 때 껍질을 까 보고 익었으면 딴다. 옥수수는 오래 두면 단맛이 떨어지기 때문에 바로 먹어야 맛있다. 또 익은 채로 놔두면 알갱이가 딱딱해져서 먹기 안 좋다. 《임원경제지》(1842)에는 "옥수수는 껍질을 벗기지 않은 채 거두어 갈무리하면 해를 넘겨도 안 썩는다."라고 나온다.
튼실하고 통통한 옥수수는 따로 골라 이듬해 씨앗으로 쓴다. 내년 씨앗으로 쓸 옥수수는 껍질이 노랗게 말랐을 때 따서 껍질을 벗겨 바람이 잘 통하고 그늘진 곳에 매달아 둔다.

병해충

옥수수는 키가 크게 자라기 때문에 풀 걱정은 덜 해도 된다. 하지만 비바람에 잘 쓰러진다. 옥수수가 여물면 새가 날아와 쪼아 먹고, 쥐가 대를 타고 올라가 갉아 먹는다. 또 조명나방 애벌레가 줄기를 파먹어 쓰러지기도 한다. 하지만 큰 병에는 잘 안 걸린다. 가끔 줄기나 꽃이 크게 부풀어 오르는 깜부기병이나 진딧물이나 애멸구가 옮기는 모자이크병 따위에 걸린다.

품종

옥수수는 크게 메옥수수와 찰옥수수로 나눈다. 찰옥수수는 전
국 어디에서나 심지만 메옥수수는 기온이 30도가 안 넘는 강원
도 산간 지방에서 많이 심어 기른다. 찰옥수수는 주전부리로 많
이 삶아 먹는다. 메옥수수는 집짐승을 많이 먹인다.

우리나라 토박이 옥수수는 생김새에 따라 검은찰옥수수, 주먹
찰옥수수, 쥐이빨옥수수 따위가 있다. 맛으로 나누면 찰옥수수,
단옥수수, 메옥수수가 있고, 익는 때에 따라 올강냉이, 올옥수
수, 올찰이 있다. 옥수수 색깔에 따라 검은찰옥수수, 붉은옥수
수, 황색옥수수, 흑색재래, 흐니찰옥수수, 흰튀김옥수수 따위가
있다. 요즘에는 토박이 옥수수끼리 꽃가루받이를 시켜 만든 대
학찰옥수수를 많이 심는다.

옥수수는 알갱이 생김새에 따라서도 나눈다. 말 이빨을 닮은 마
치종과 알갱이가 단단하고 둥글둥글한 경립종, 뜨겁게 달구면 속
이 터지는 폭렬종, 여물면 알이 쭈글쭈글해지는 감미종, 알갱이
가 양초처럼 희뿌연한 납질종 따위도 있다. 마치종과 감미종을
많이 심는다. 마치종은 집짐승 먹이로 많이 심고, 감미종은 사람
이 먹으려고 많이 심는다. 폭렬종으로는 팝콘을 만든다.

옛 책

《증보산림경제》에 "옥수수는 5가지 색깔이 있다. 봄에 기름진 땅
에 심어야 좋고, 서로 1자 거리를 띄어 1그루씩 심으면 된다. 쪄서
먹거나 죽을 쑤어 먹으면 매우 좋아 율무보다 낫다."라고 했다.

쓰임

옥수수는 쌀, 보리를 기르기 힘든 강원도 산골에서 밥 대신 먹었다. 옥수수가 다 여물면 따서 쌀, 조를 넣고 맷돌에 갈아 강냉이밥을 짓는다. 통째로 찌거나 굽거나 튀겨 먹어도 맛있다. 가루를 내어 빵이나 떡이나 국수 따위도 만든다.

강원도에서는 메옥수수를 물에 불려서 맷돌에 간 뒤 솥에 넣고 죽을 끓여서 면을 뽑는 틀에 쏟아 국수를 만든다. 이 국수를 올챙이국수라고 한다. 또 강냉이수제비, 강냉이범벅, 옥수수설기, 옥수수보리개떡 따위를 만들어 먹는다. 옥수수로 엿도 곤다. 옥수수로 만드는 음식은 거의 메옥수수를 쓴다. 찰옥수수는 옥수수자루 그대로 찌거나 삶아 먹는다. 사실 옥수수는 집짐승 먹이로 더 많이 쓴다. 옥수숫대를 질겅질겅 씹으면 단물이 나는데 소가 잘 먹는다.

옥수수를 먹으면 위와 장이 튼튼해진다. 또 신장병, 심장병, 암에도 좋다. 또 옥수수에서 뽑은 성분으로 잇몸병을 고치는 약도 만든다. 옥수수 씨로 기름을 짜고 옥수수수염은 물에 달여 차로 먹거나 오줌이 잘 나오게 하는 약으로 먹는다. 요즘에는 옥수수에서 알코올을 뽑아 자동차 기름으로도 쓴다. 하지만 옥수수만 오래 먹으면 살갗이 누런 밤빛으로 바뀌면서 거칠어지고 갈라지는 '펠리그라'라는 피부병에 걸린다. 비타민 B_3가 모자라서 생기는 병이다.

완두 완두콩, 흰완두, 붉은완두, 보리밭콩 *Pisum sativum*

2006년 6월 전북 변산

콩과
키 1~2m
씨 뿌리는 때 3월 말~4월 초,
10월 중순~11월 중순
꽃 피는 때 5~6월
거두는 때 5월 중순~6월

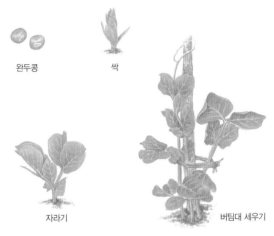

완두콩 싹

자라기 버팀대 세우기

1. 씨를 물에 한나절쯤 불렸다가 밭에 60cm쯤 띄워서 작은 구덩이에
   서너 알씩 넣어 점뿌림한다. 씨를 심고 두 주쯤 지나면 싹이
   올라온다.
2. 심은 지 한 달쯤 지나면 잎이 넓어지고 잎겨드랑이에서 덩굴손이
   나온다. 덩굴손이 감고 올라갈 수 있도록 버팀대를 세운다. 4월
   말이나 5월이면 쑥쑥 자란다.
3. 덩굴손이 나오고 한 달쯤 지나면 줄기 끝에 꽃이 핀다. 꽃이 지면
   연두색 꼬투리가 열린다. 다 익으면 꼬투리가 누렇게 된다.
4. 덩굴째 거두어 며칠 동안 햇볕에 말린 뒤 꼬투리를 떨어낸다. 덜
   익었을 때 따 먹기도 한다. 꼬투리가 통통해지면 먹기 좋은 때다.

완두는 열매를 먹으려고 심어 기르는 한해살이 덩굴풀이다. 완두가 어디에서 자라던 풀이었는지는 뚜렷하지 않다. 지금은 남부 유럽을 중심으로 한 지중해 바닷가일 것이라고 짐작한다. 또 서아시아 지역인 터키나 이란에서 자라던 풀이라고도 한다.

기원전 7000년쯤 신석기 시대 집터에서 완두 알이 나온 걸로 봐서, 완두는 밀이나 보리와 거의 같은 때에 심어 기른 것 같다. 기원전 500~400년 그리스와 로마 시대에 이미 사람들이 심어 길렀다고 한다.

중국에는 5세기쯤에 퍼진 것 같다. 6세기에 맨 처음 펴낸 농사책인 《제민요술》에 완두가 나온다. 우리나라에는 통일 신라 시대 때 들어왔다고도 하지만, 조선 시대 농사책인 《금양잡록》(1492)에 처음 나오는 것으로 보아 1400년쯤부터 심은 것 같다. 그 뒤 《한정록》(1617)과 《농가집성》(1655) 같은 농사책에 꼬박꼬박 완두(豌豆)가 나온다. 《동의보감》(1613)에는 우리말로 '원두'라고 나온다. "빛이 퍼레서 꼭 녹두 같지만 알이 더 크다. 요즘은 함경도에서 나는데 서울에서도 심는다."라고 나온다. 《산림경제》(1700)에는 "시골에서는 원두라고 하고, 다른 말로 잠두(蠶豆)라고 한다."라고 했다. 완두를 '보리밭콩, 활콩'이라고도 한다. 지금은 세계 여러 나라에서 심어 기르고 있다.

기르기와 거두기

완두는 봄에 심기도 하고, 가을에 심기도 한다. 남부 지방에서는 늦가을에 많이 심는다. 추위에도 잘 견뎌 서늘한 날씨에서도 잘 자란다. 남쪽 지방에서는 11월 중순에 씨를 뿌려 겨울을 나고 오뉴월에 거둔다. 어린 싹으로 겨울을 나고 이듬해 봄이 되면 무럭 무럭 자란다. 덩굴로 뻗기 때문에 버팀대를 세워야 덩굴손이 감고 올라가면서 잘 자란다. 6월이 되면 누렇게 익은 꼬투리를 거둔다. 그러고 나서 햇빛에 잘 말린 뒤에 콩깍지에서 알을 털어 낸다. 중부지방에서는 이른 봄에 씨를 뿌려 유월에 풋완두를 먹는다. 기르기 가장 알맞은 온도는 15~20도이다. 온도가 1~2도까지 떨어져도 싹이 트고, 영하 3도가 되어도 얼어 죽지 않는다. 콩 가운데 추위를 가장 잘 견딘다. 하지만 같은 밭에 줄곧 심으면 병에 잘 걸린다. 사오 년 심으면 다른 밭에 심어야 좋다.

갈무리

완두콩은 물기가 없는 그릇에 소금을 깔고 둔다. 그러면 오래 두어도 벌레가 안 생긴다. 꼬투리째 거두었을 때는 마르지 않게 서늘하고 축축한 곳에 둔다.

병해충

완두는 한 밭에서 오래 심으면 병에 잘 걸린다. 또 흙에 물기가 많고 물이 잘 안 빠져도 병에 잘 걸린다. 갈색무늬병, 흰가루병, 균해병, 덩굴마름세균병, 모자이크병, 줄기괴저병, 뿌리썩음병, 녹병 같은 병에 걸린다. 병에 걸리면 줄기나 잎이나 꼬투리가 누렇게 시든다.

완두에 꼬이는 벌레로는 완두굴파리, 완두수염진딧물, 도둑나방 애벌레, 물결부전나비 애벌레, 노린재 따위가 있다. 잎과 꽃을 갉아 먹거나 꼬투리를 빨아 먹는다. 갈무리한 완두콩에는 바구미가 잘 꼬인다.

품종

완두는 오랫동안 심어 왔던 지역 이름을 붙여 부른다. 대구재래, 의성재래, 남원수집, 서산수집 같은 완두가 있다. 경남 진양에서 기르는 완두는 '애콩'이라고 한다. 또 꼬투리가 부드러워 꼬투리째 먹을 수 있는 완두와 씨알만 먹을 수 있는 완두가 있다.

옛 책

《한정록》에는 "모든 콩 가운데 이 콩만이 일찍 익고 많이 거두고 오래 묵어도 좀먹지 않는다. 더러는 참깨와 섞어 심었다가 같이 거둔다."라고 했다. 《증보산림경제》에는 "춘분 이전에 보리 옆에 심고 오줌재와 거름을 고루 덮고 자주 김을 매다가 음력 5월이 되면 거둔다."라고 나온다. 《색경》에는 "음력 이삼 월에 씨를 심는다. 여러 콩 가운데 추위를 가장 잘 견딘다. 또 거두는 양이 많고 여무는 시기도 빠르다. 한 해 가장 먼저 여무는 곡식이다."라고 했다.

쓰임

완두콩은 쌀과 섞어 밥을 지으면 보기에도 좋고 부드럽고 달달한 맛이 입맛을 돋운다. 완두는 다 익은 알보다 풋콩이 더 맛있다. 풋콩은 색깔이 푸르다. 완두를 갈거나 찧어서 떡이나 과자에 고물로 쓴다. 풋콩은 통조림을 만들고, 어린 꼬투리째 삶아 먹기도 한다. 잎과 줄기는 집짐승을 먹인다.

삶은 완두콩에는 단백질, 탄수화물, 칼슘, 철분, 비타민 따위가 많이 들어 있어서 키가 크고 몸이 튼튼해진다. 또 콜린이라는 성분이 간을 튼튼하게 해서 술을 많이 먹는 사람에게 좋다. 우리나라 사람들은 밥에 섞어 먹지만, 서양 사람들은 완두콩만으로 음식을 만들어 먹는다.

완두 삶은 물로 목욕을 하면 피부병에 좋다. 어린아이와 늙은이가 장이 안 좋아서 자주 물똥을 쌀 때 완두를 삶아 죽을 쑤어 먹으면 물똥을 더 이상 안 싼다. 《동의보감》에는 "성질이 차지도 덥지도 않다. 맛이 달고 독이 없다. 위에 열이 많을 때 시원하게 식히고 오장에 이롭다."라고 했다.

오래전에 멘델이라는 사람은 서로 생김새가 다른 완두끼리 꽃가루받이를 시킨 뒤 나오는 완두콩을 연구했다. 그래서 유전이 정해진 규칙을 따른다는 '멘델의 유전 법칙'을 찾아냈다.

조 서숙, 율, 죄, 속미 *Setaria italica*

2008년 9월 강원 원주 신림농협

벼과

키 1m

씨 뿌리는 때 봄조 5월 초~중순,
그루조 6월 중순~7월 초

꽃 피는 때 7~8월

거두는 때 9~10월

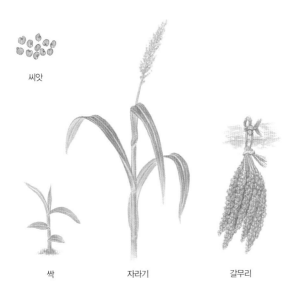

씨앗

싹   자라기   갈무리

1. 씨가 잘기 때문에 골고루 흩뿌리거나 30~40cm쯤 띄워서
   줄뿌림한다. 씨를 뿌린 뒤 가볍게 흙을 덮는다.
2. 싹이 트고 열흘쯤 지나 솎아 준다. 열흘쯤 간격으로 김을 맨다.
3. 쑥쑥 자라서 이삭이 누렇게 여물면 줄기를 베어다 햇볕에 잘 말린
   뒤 턴다.

조는 밭에 심어 기르는 한해살이 곡식이다. 조는 아무 곳에서나 잘 자라서 세상 사람들이 가장 먼저 심은 곡식이다. 벼나 보리보다 먼저 심어 길렀다. 남부 아시아나 동아시아, 중앙아시아에서 자라던 풀이었다고 여긴다. 기원전 7천 년쯤부터 심어 길렀다. 석기 시대 집터에서 불에 탄 좁쌀 재가 나왔다. 석기 시대에 벌써 조를 거둬 갈돌로 갈아서 음식을 해 먹었다.

조는 아주 오래전에 강아지풀에서 갈라져 나왔다. 강아지풀과 조는 서로 꽃가루받이를 할 수 있다. 중국에서 6세기쯤 펴낸 농사책인 《제민요술》에 '곡(穀)'이나 '화(禾)'가 나오는데, 이것을 오늘날 '조'라고 여긴다.

조는 아주 오래전 사람들에게는 벼, 보리, 밀보다 더 중요한 곡식이었다. 우리나라 삼국 시대부터 중요한 곡식으로 심었다. 《삼국사기》 가운데 '신라본기'와 '백제본기'에 "곡이 귀하여 백성이 굶주린다."라는 말이 나오는데, 이 '곡(穀)'이 '조'인 것 같다. 《계림유사》에는 고구려에 다섯 가지 곡식 가운데 조를 가장 많이 심었다고 나온다. 통일 신라 때에도 조가 중요한 곡식이었다. 이때는 차조를 '출(秫)'이라 하고 메조를 '속(粟)'이라 하였다.

기르기와 거두기

조는 보통 보리와 함께 심어 기른다. 보리가 많이 자랐을 때 이랑 사이로 씨앗을 뿌린다. 보리를 베고 나면 김을 매고 솎아 주고, 벼를 벨 때쯤 거둔다. 가을이 되면 큰 이삭에 자잘한 열매가 수천 알쯤 열린다. 이 열매를 털어 껍질을 벗기면 좁쌀이 나온다. 좁쌀은 곡식 가운데 알이 가장 잘다. 옛날에는 산비탈에 불을 놓

아 밭을 일구고 조를 심었다. 조는 가뭄을 잘 견뎌서 메마른 밭에
서도 잘 자라서 제주도나 강원도 산간 마을에서 많이 길렀다. 옛
날에는 가물어서 모내기를 못 할 때 논에 벼 대신 조를 뿌렸다.
조는 아무 곳에서나 잘 자란다. 가물거나 거름이 많지 않아도 잘
자란다. 따뜻하고 메마른 곳을 좋아하고 축축한 곳을 싫어한다.
싹 나기 알맞은 온도는 30~31도이다. 봄조는 5월 초와 중순, 그
루조는 밀과 보리를 거둔 뒤 6월 중순부터 7월 초까지 씨를 뿌린
다. 늦어도 7월 중순까지 씨를 뿌린다.

갈무리

줄기와 잎이 마르고 이삭이 여물면 줄기째 베어 단으로 묶어 세
워 말린다. 하루 이틀 말린 뒤에 이삭을 도리깨로 턴다. 조에는
벌레가 잘 꼬이기 때문에 단지나 항아리에 넣고 꼭 닫아 햇빛이
곧장 안 비치는 서늘한 곳에 둔다.

병해충

조는 조군데병과 조도열병에 잘 걸린다. 조군데병에 걸리면 잎에
누르스름한 줄무늬가 생기고 잎 뒤에 하얀 곰팡이가 핀다. 병이
더 깊어지면 잎이 짙은 밤색으로 바뀌면서 밤색 가루가 날리다가
갈라지며 하얀 머리카락처럼 갈라진다. 조도열병에 걸리면 잎에
푸른 밤색을 띤 둥근 무늬가 생긴다. 조명나방 애벌레와 멸강나
방 애벌레는 잎을 갉아 먹어 말라 죽게 한다.

품종

《금양잡록》(1492)에는 15가지 조 품종이 나온다. 그 뒤《임원경제지》(1845)에는 49가지 품종이 나온다. 일제 강점기에는 2000종이 넘는 조 품종이 있었다고 하지만 지금은 많이 기르지 않아 토박이 조는 거의 사라졌다. 아직까지 남은 토박이 조에는 가지조, 북심이차조, 메조, 차조, 50일조, 그루조, 끌서석, 늦조, 신날거리조, 올조, 왕그루조, 은차조, 청살미차조, 청정이차조, 청차조, 황색차조, 모조, 산정조, 냉큼조 따위가 있다.

또 봄에 뿌리는 봄조와 여름에 뿌리는 그루조가 있다. 봄조로는 모래조, 지나조, 천안조가 있고, 그루조로는 청미실, 강달조, 국분 따위가 있다. 여무는 때에 따라 올조, 신날거리조, 오십일조, 왕그루조, 끌서석 따위가 있다. 씨앗 색깔에 따라 황색차조, 백차조, 은차조, 청살미차조, 청장미차조가 있고, 씨앗 크기에 따라 왕조, 좀조가 있다. 또 줄기 색깔에 따라 흰대조, 붉은대조가 있다. 알갱이가 차진 정도에 따라 메조, 차조가 있다. 사람들은 흔히 메조와 차조로 나눈다.

옛 책

《농사직설》에는 "조를 심을 때 봄에는 밭을 되도록 깊이 갈고, 여름에는 되도록 얕게 간다. 비가 적게 온 뒤에는 아직 축축할 때 심고, 큰비가 온 뒤에는 호미질을 한 번 하여 흙을 고르고 심는다. 싹이 나기를 기다렸다가 호미질을 하는데, 호미질을 자주 하면 잘 자라지 않는다."라고 했다. 또 들깨 씨 하나에 조 세 알을 섞어 뿌리면 좋다고 했다.《농가집성》(1655)에는 "기장은 바람에 씨가 잘 떨어지니까 반쯤 익었을 때 베어 거둔다. 하지만 조는 씨가 잘 안 떨어지니까 다 익기를 기다려 거둔다."라고 했다. 또 조를 심기 가장 좋은 땅은 "숲을 일군 밭이고, 오래 묵은 밭이 그다음이고, 보리와 그루갈이하는 밭이 가장 안 좋다."라고 했다.

쓰임

조는 소화가 잘되고, 단백질과 지방이 많이 들어 있다. 우리나라에서는 이삼십 년 전만 해도 좁쌀로 밥을 지어 먹었다. 좁쌀로만 밥을 지으면 쌀밥과 달리 끈기가 없어서 푸슬푸슬하고 까슬까슬해서 밥맛이 안 좋다. 그래서 쌀과 섞어서 밥을 짓거나 죽을 끓여 먹는다. 떡을 만들거나 가루를 내어 미숫가루로 먹어도 좋다. 엿을 고거나 술을 빚기도 한다. 좁쌀로 닭이나 새 모이를 준다. 좁쌀을 갓난아기 베개 속에 넣으면 머리가 맑고 시원해서 잠을 잘 잔다. 또 집은 집짐승을 먹이거나 지붕을 이거나 땔감으로 쓴다. 좁쌀은 예로부터 약으로도 써 왔다. 방광염에 걸려 오줌이 잘 안 나올 때나 소화가 잘 안 될 때, 당뇨병이 있을 때 먹으면 좋다. 여름철에 좁쌀을 끓여 마시면 목마름이 풀리고 장염에 잘 안 걸린다. 또 땀띠나 살갗이 가려운 곳을 좁쌀 뜨물로 닦으면 잘 낫는다.《동의보감》(1613)에는 "성질이 조금 차다. 맛은 시지만 독은 없다. 콩팥 기운을 북돋고 지라와 위장에 있는 열을 없앤다. 기를 북돋우며 오줌이 잘 나가게 한다."라고 했다.

콩 대두, 백태, 메주콩 *Glycine max*

2012년 9월 인천 강화

콩과
키 30~90cm
씨 뿌리는 때 4월 초~7월 초
꽃 피는 때 7~8월
거두는 때 10월 초~말

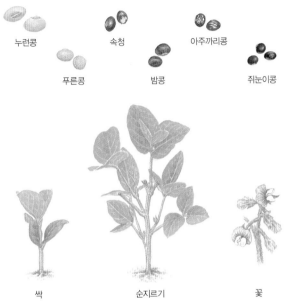

누런콩

속청

아주까리콩

푸른콩

밤콩

쥐눈이콩

싹

순지르기

꽃

1. 콩 두세 알을 어른 손 세 뼘쯤 띄워서 심는다.

2. 두 주쯤 지나면 싹이 올라온다.

3. 콩이 20cm쯤 자라면 순지르기를 한다. 그러면 가지가 많아져 꼬투리가 많이 열린다.

4. 7~8월에 꽃이 피고 지며 꼬투리가 열린다.

5. 잎이 누렇게 말라 떨어지고, 꼬투리가 거무스름해지면 거둔다. 너무 일찍 거두면 콩알이 안 털리고, 너무 늦게 거두면 콩알이 다 떨어진다.

콩은 밭에 심어 기르는 한해살이 곡식이다. 콩은 들에서 스스로 자라던 돌콩을 심어 기른 것이다. 본디 백두산을 중심으로 중국 만주 지방과 우리나라에서 자라던 풀이었다. 중국에서는 오곡 가운데 하나로 여기며 기원전 3000년쯤부터 심어 길렀다. 기원전 11세기에서 기원전 6세기까지 읊던 시를 모은 《시경》에도 콩이 나온다. 6세기쯤 펴낸 농사책인 《제민요술》에도 콩을 심고 기르는 방법이 나온다.

우리나라에서는 함경북도 청동기 시대 집터에서 콩이 나왔다. 아마도 기원전 2000~1500년쯤부터 콩을 기른 것 같다. 콩으로 만든 메주와 된장, 간장, 콩나물을 우리나라에서 처음 먹기 시작했다. 중국 역사책인 《삼국지》 〈위지동이전〉에는 고구려 사람들이 된장을 잘 만든다고 나온다. 《삼국사기》에는 신라 때 왕비에게 된장과 간장을 준다는 말이 나온다. 삼국 시대에는 이미 콩으로 된장, 간장을 담가 먹은 것을 알 수 있다. 8~9세기쯤에 우리나라에서 일본으로 콩이 건너가 퍼졌다. 20세기에 와서 콩이 미국으로 건너갔다. 미국은 1901년부터 1976년 사이에 우리나라 재래콩을 무려 5000종 넘게 가져갔다고 한다. 지금은 미국이 온 세계 콩 가운데 70~80%를 기른다.

기르기와 거두기

콩은 따로 심기도 하지만 여름 들머리에 밀밭이나 보리밭 이랑 사이에 심어서 가을에 거두기도 한다. 수수, 옥수수, 고구마 같은 다른 곡식과 함께 심어 기르기도 한다. 또 논두렁, 밭두렁에도 심는다. 콩을 심어 기르면 콩 뿌리에 붙어사는 뿌리혹박테리아가 영양분을 만들어서 땅을 기름지게 한다. 그래서 콩은 거름기가 없는 거친 밭에서도 잘 자란다. 자라기 알맞은 온도는 25~30도 이다.

갈무리

흔히 콩은 타작하는 마당에서 익는다고 한다. 다 여문 콩꼬투리는 마당에서 작대기로 두드려 알을 턴다. 갈무리한 콩은 햇볕에 잘 말려서 바람이 잘 통하고 서늘하고 물기가 없는 곳에 둔다. 자칫하면 바구미 같은 벌레가 잘 꼬인다. 바닥에 소금을 깔면 벌레가 덜 생긴다.

병해충

꼬투리가 여물 때 노린재가 날아와 꼬투리를 빨아 먹는다. 톱다리개미허리노린재가 가장 많은 피해를 준다. 또 콩잎말이나방이나 콩나방 애벌레, 진딧물도 꼬인다. 잘 걸리는 병에는 탄저병, 바이러스병, 세균성점무늬병, 자줏빛무늬병, 점무늬병, 검은점병, 더뎅이병, 붉은곰팡이병, 녹병, 불마름병, 갈색겹무늬병 따위가 있다. 또 실새삼이 콩 줄기를 덩굴로 감아 콩이 못 자라게 한다.

품종

콩은 색깔에 따라 누런콩, 흰콩, 검정콩, 파랑콩 따위가 있다. 무늬에 따라 호랑이콩, 수박태, 눈까메기콩, 제비콩, 자갈콩, 대추

불콩, 대추콩, 쥐눈이콩, 알종다리콩, 새알콩, 아주까리콩 따위가 있다. 콩알 생김새에 따라 좀콩, 납작콩, 한아가리콩 따위가 있다. 쓰임새에 따라 나물콩, 밥밑콩, 메주콩, 약콩, 떡콩, 고물콩 따위가 있다. 심는 때에 따라 40일콩, 올태, 유월콩, 서리태, 50일콩 따위가 있다. 심는 곳에 따라 보리밭콩, 논두렁콩이 있다. 많이 나는 곳 이름을 딴 갑산태, 청산태, 정선콩 따위도 있다.

우리 옛 책 《금양잡록》(1492)에 처음으로 여덟 가지 콩이 나온다. 검은콩, 잘외콩, 누른콩, 오해파디콩, 불콩, 왁대콩, 은되콩, 유월콩이다. 그 뒤 《행포지》(1825)와 《임원경제지》(1842)에 새로운 품종 6개가 보태졌다. 홀애비콩 또는 하나콩, 검정올콩, 눈검정콩, 아롱콩, 다다기콩, 파랑콩이다. 1960년에는 180품종으로 늘어났다. 1985년부터 1999년 사이에 전국에서 모은 콩 품종은 모두 5310점이었다. 하지만 지금 우리가 먹는 콩은 거의 미국에서 건너온 콩이다.

옛 책

《제민요술》에는 "콩을 심기에 가장 좋은 때는 음력 2월 중순이다. 음력 3월 초가 그다음으로 좋은 때고, 음력 4월 초가 가장 안 좋은 때다. 늦게 심어야 하는 때는 음력 5~6월에 심어도 된다."라고 하면서, "음력 9월 중에 땅 가까이에서 아래 잎이 누렇게 말라 떨어지기 시작하면 빨리 벤다."라고 했다. 《증보산림경제》에는 "보리와 밀을 베고 바로 그 자리에다 심는다. 구멍마다 콩알을 너덧 알씩 심는다."라고 나온다. 또 "콩이나 팥 한 되면 쌀 한 되와 맞먹는다."라며 "콩 종류를 거둘 때는 이른 아침이나 밤이 좋고,

안개가 끼어 있을 때도 좋다. 한낮에 거두면 콩깍지가 벌어져 콩알이 떨어져 버리는 것이 많다."라고 했다.

쓰임

콩은 식물성 단백질이 많아서 '밭에서 나는 고기'라고 한다. 단백질뿐만 아니라 칼슘, 인, 철분, 비타민 같은 다른 영양 성분도 많이 들어 있다. 된장이나 두부를 만들어 먹으면 콩을 익혀 먹는 것보다 소화가 훨씬 잘된다.

콩은 종류도 많고 쓰임새도 참 많다. 밥밑콩은 쌀에 섞어 밥을 짓는다. 알이 굵은 메주콩은 장을 담그거나 갈아서 두부를 만든다. 알이 조금 작은 나물콩으로는 콩나물을 기른다. 또 볶아서 오독오독 씹어 먹어도 고소하고 가루를 내어 먹기도 한다. 여름에는 콩 국물에 국수를 말거나 콩잎으로 장아찌를 담그거나 쪄서 밥을 싸 먹는다. 콩깍지나 마른 콩대는 소가 아주 좋아한다. 또 콩을 짜서 기름을 뽑는다. 콩기름은 먹기도 하고 비누나 인쇄 물감에도 넣는다.

콩을 많이 먹으면 고혈압에 안 걸리고 건강하게 오래 살며 치매를 막는다. 또 변비를 낫게 하고 대장암에 안 걸리게 한다. 콩나물국은 술을 먹은 뒤 속을 푸는데 좋다.

검정콩인 서리태나 쥐눈이콩은 볶아서 약으로 쓴다. 서리태는 콩팥을 튼튼하게 하고 부기를 없애고 피가 잘 돌게 하고 약을 먹고 생긴 모든 독을 풀어 준다. 또 머리카락이 덜 빠지게 한다. 쥐눈이콩은 '약콩'이라고 한다. 열이 나고 기침이 나고 홍역에 걸렸을 때 먹으면 좋다. 또 당뇨병, 고혈압, 동맥경화, 심장병에도 좋다.

강낭콩 울콩, 앉은뱅이강낭콩, 넝쿨강낭콩 *Phaseolus vulgaris*

2004년 7월 전북 변산

콩과
키 1.5~2m
씨 뿌리는 때 3월 말~4월 말
꽃 피는 때 5월 말
거두는 때 6~7월

강낭콩은 밭에 심어 기르는 한해살이 곡식이다. 강낭콩은 여러 가지 콩 가운데 온 세계에서 가장 널리 기른다. 원래 남아메리카에서 자라던 풀이었는데, 아메리카에 쳐들어온 스페인 사람들이 가지고 가서 유럽에 퍼졌다. 지금은 세계 여러 나라에서 기른다. 우리나라에는 중국 남쪽 지방에서 들어왔다고 이름이 '강낭콩(江南豆)'이 됐다. 옛 농사책인 《농정회요》(1830)에 처음 '강두(豇豆), 자강두(紫豇豆)'라는 이름으로 나온다. 언제부터 기르기 시작했는지는 뚜렷하지 않다.

강낭콩은 줄기가 덩굴로 뻗어서 옥수수처럼 키가 큰 식물 옆에 많이 심는다. 덩굴이 타고 올라가라고 대나무 따위로 받침대를 세워 준다. 키가 작고 곧게 서는 강낭콩도 있다. 콩알이 메주콩보다 조금 더 크고 갸름하다. 흔히 보는 강낭콩은 하얀 바탕에 빨간 무늬가 얼룩덜룩하다. 하얗거나 까맣거나 빨갛거나 자줏빛인 강낭콩도 있다. 8월에 긴 꼬투리가 여문다. 꼬투리 안에 알이 대여섯 개씩 들어 있다.

강낭콩도 다른 콩처럼 밥에 넣어 먹는다. 또 조리거나 볶아서도 먹고, 팥이나 동부처럼 떡 속에 소로 넣는다. 덜 여문 풋콩을 먹기도 한다.

까치콩 제비콩, 작두, 편두 *Dolichos lablab*

2004년 8월 서울 마포 성미산

콩과
씨 뿌리는 때 4~7월
꽃 피는 때 7~9월
거두는 때 10~11월

까치콩은 밭에 심어 기르는 한해살이 곡식이다. 원래는 남아메리카 열대 지방에서 자라던 덩굴지는 여러해살이풀이다. 콩알이 까치나 제비처럼 새까맣게 생겼다고 '까치콩, 제비콩'이라고 한다. 꼬투리나 콩알이 납작하다고 옛날에는 '편두(扁豆)'라고 했다. 《동의보감》(1613)에는 우리 이름으로 '변두콩'이라고 하면서 "까만 줄 사이에 하얀 줄이 있어서 까치를 닮았다고 작두(鵲豆)라고도 한다."라고 나온다. 《농사직설》(1429)에서는 "오월에 기름지지 않은 땅에 씨를 뿌리고, 김매기를 한 번 하고, 익는 대로 딴다."라고 했다. 덩굴지기 때문에 울타리에 심거나 버팀대를 세운다.

까치콩에는 하얀 꽃이 피고 콩알이 하얀 '흰까치콩', 자줏빛 꽃이 피고 콩알이 까만 '검은까치콩'이 있다. 더위를 먹어 몸이 축 처지고 힘이 없을 때 까치콩을 갈아 죽을 쑤어 먹으면 좋다. 속을 부드럽게 하고 마음을 느긋하게 만들며 감기에 안 걸리게 한다. 흰까치콩은 약으로 쓴다.

《동의보감》에는 "까치콩에는 흰 콩과 검은 콩이 있다. 흰 까치콩은 성질이 따뜻하고 검은 까치콩은 성질이 조금 서늘하다. 약으로는 반드시 흰 까치콩을 쓴다."라고 하면서 "어지럽고 토하고, 몸이 뒤틀리고, 물똥을 싸는 병을 낫게 하며 여러 가지 풀과 나무 독, 술 독, 복어 독을 푼다."라고 나온다. 까치콩은 어린 열매와 꼬투리도 익혀 먹는다.

녹두 안두, 길두, 숙주 *Vigna radiata*

2003년 8월 전북 변산

콩과
키 50cm
씨 뿌리는 때 4~7월
꽃 피는 때 8월
거두는 때 8~10월

녹두는 밭에서 심어 기르는 한해살이 곡식이다. 녹두라는 이름은 풀빛 콩이라는 뜻이다. 콩이나 팥보다 빨리 자라고 콩알은 다 익어도 풀빛이다. 원래 인도나 미얀마에서 자라던 풀이다. 백제 시대 옛터에서 녹두와 팥이 나온 것으로 보아 우리나라에서는 그전부터 기른 것 같다. 《농사직설》(1429)에 "녹두는 기름지지 않은 밭이나 거친 들에 모두 씨를 뿌릴 수 있는데, 씨를 띄엄띄엄 심고 김매기를 한 번 한다. 흩뿌려도 된다."라고 나온다. 《임원경제지》에는 "음력 4월에 씨를 뿌리면 6월에 거둔다. 또 씨를 다시 뿌리면 음력 8월에 또 거둘 수 있다."라고 나온다. 《색경》에는 "음력 6월 입추 전에 씨를 뿌리는 것이 좋다. 삼을 베어 낸 땅이 특히 좋다."라고 했다.

녹두로는 빈대떡, 떡고물, 청포묵 같은 여러 가지 음식을 만든다. 콩나물처럼 녹두에 물을 주어 싹을 내면 숙주나물이 된다. 녹두는 몸에도 좋다. 몸에 쌓인 독이나 찌꺼기를 몸 밖으로 빼내고, 열을 내리는 힘이 세다. 혈압이 높거나 당뇨병에 걸리거나 몸이 뚱뚱한 사람이 먹으면 좋다. 하지만 몸을 차게 하는 성질이 있어서 혈압이 낮거나 몸이 찬 사람에게는 안 좋다. 또 녹두는 다른 약 기운을 없애는 성질이 세서 한약을 먹을 때는 함께 먹지 않는다. 《동의보감》에는 열을 내리고, 머리 아픈 것을 낫게 하고, 목마름을 풀고, 술독이나 식중독을 낫게 한다고 나온다. 또 녹두로 베개를 만들어 베면 눈이 밝아지고 머리 아픈 것이 낫는다고 했다. 녹두를 갈아서 얼굴에 바르면 살결이 고와지고 여드름이나 주근깨가 없어진다.

동부 광정이, 돔부, 섬세기, 줄당콩, 동배당콩 *Vigna unguiculata*

2005년 9월 경기 일산

2013년 8월 충남 예산

콩과
씨 뿌리는 때 4월 말~6월
꽃 피는 때 7~8월
거두는 때 9월

동부는 밭에 심어 기르는 한해살이 곡식이다. 작게 크거나 덩굴로
자라서 울타리나 마당 끝에 많이 심는다. 원래 아프리카에서 자라
던 풀이라고 짐작하는데, 아프리카에서는 기원전 3000년쯤부터 길
러 왔다고 한다. 인도와 중국을 거쳐 우리나라에 들어왔는데, 언제
들어왔는지는 뚜렷하지 않다. 하지만 일본에서는 9세기쯤에 중국
에서 들어왔다고 하니 우리나라는 그보다 먼저일 것이라고 짐작한
다. 우리나라에서는 《금양잡록》(1492)이라는 책에 처음 나온다.
《농사직설》에는 "음력 5월쯤에 메마른 밭에 심었다가 한 차례 풀
을 매고 익는 대로 딴다."라고 나온다.

동부는 더운 날씨를 좋아하고 서리에 약하다. 봄에 심어서 가을 들
머리에 거둔다. 《임원경제지》(1842)에는 "4월 곡우가 지나고 씨를
뿌려 음력 6월에 거둔다. 거둔 뒤 바로 씨를 다시 뿌리면 음력 8월
에 또 거둘 수 있다. 한 해에 두 번 익는다. 버팀대를 세워 주면 잘
자라고, 땅바닥에 그냥 퍼지게 기르면 잘 자라지 않는다."라고 했다.

동부는 다른 콩보다 꼬투리가 더 길다. 풋꼬투리를 따서 삶아 먹고,
다 여문 꼬투리를 거둬 알을 털어 낸 뒤 햇볕에 잘 말려 쓴다. 밥에
도 넣고, 삶아서 떡고물이나 떡소를 만든다. 약으로도 쓴다. 중국
약초책인 《본초강목》에는 "콩팥과 위장을 튼튼하게 만들고, 오장
을 고르게 하고 피를 잘 돌게 한다. 당뇨병에 걸리거나 먹은 것을 잘
토하거나 물똥을 싸거나 오줌이 찔끔찔끔 새는 사람이 먹으면 좋
다."라고 나온다.

작두콩 칼콩 *Canavalia gladiata*

2012년 9월 서울 마포 성산동

콩과
씨 뿌리는 때 5~6월
꽃 피는 때 8월
거두는 때 9~10월

작두콩은 밭에 심어 기르는 한해살이 곡식이다. 콩 꼬투리가 마치 칼처럼 생겼다고 '칼콩'이라고도 한다. 콩 가운데 꼬투리가 가장 크다. 콩알이 탁구공만 한 것도 있다.

작두콩은 원래 아시아 열대 지방에서 자라던 풀이다. 멕시코에서는 기원전 3000년쯤부터 길렀다고 한다. 우리나라에는 언제 들어왔는지 뚜렷하지 않다. 《임원경제지》(1842)에는 "우리나라에는 작두콩이 동두(東豆)와 광정두(廣丁豆) 두 종류가 있다. 싹과 잎과 꽃과 꼬투리를 보면 모두 작두콩이다. 작두콩은 우리나라에서 나기 때문에, 우리나라 사람들은 '동두'라고 하고, 중국 사람들은 '낙랑두'라고 한다."라고 나온다.

작두콩은 덩굴로 뻗기 때문에 지지대를 세워 준다. 《임원경제지》에는 "청명 때 호미로 구덩이를 파고 구덩이마다 씨를 한 개씩 뿌린다. 재로 덮고 물만 붓는다. 싹이 나오면 똥물을 부어 준다. 넝쿨이 자라면 지지대를 세워 위쪽으로 뻗도록 해 준다."라고 나온다.

작두콩에는 빨간 콩알, 하얀 콩알이 있다. 콩알로 된장이나 간장을 담근다. 또 콩알을 삶아 먹거나 밥에 넣기도 한다. 하얀 콩알은 약으로 많이 쓴다. 암을 막는 힘이 세서 자주 먹으면 좋다. 위와 장이 튼튼해지고 고름이나 염증을 빼낸다. 축농증, 중이염, 위궤양, 위염이 있는 사람에게 좋다. 또 가래가 나오면서 기침을 할 때 먹으면 좋다. 독이 조금 있기 때문에 푹 삶아서 익힌 뒤에 물속에 두세 시간쯤 담가 두었다가 먹는 것이 좋다.

팥 *Vigna angularis*

2005년 7월 전북 부안

콩과
키 30~60cm
씨 뿌리는 때 6월 중순~7월 초
꽃 피는 때 8월
거두는 때 9~10월

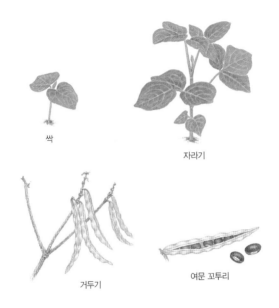

싹

자라기

거두기

여문 꼬투리

1. 팥 두세 알을 한두 뼘쯤 띄워서 5~7cm쯤 파고 심는다. 7~10일쯤
   지나면 싹이 돋는다.
2. 팥이 자랄 때 솎아 주며 김매기를 한다. 꽃 피기 전에 김을 맨다.
   꽃이 필 때 하면 꼬투리가 덜 달린다.
3. 심은 지 두 달쯤 지나면 꼬투리가 달린다. 잎이 말라 떨어지지
   않더라도 잎과 꼬투리가 70~80%쯤 누렇게 익으면 거둔다.

팥은 밭에 심어 기르는 한해살이 곡식이다. 팥은 잎도 꽃도 꼬투리도 콩과 많이 닮았다. 하지만 꽃 빛깔이 노랗고 꼬투리는 콩보다 가늘고 길다. 꼬투리를 까 보면 알이 자줏빛이다.

팥은 중국 남부에서 자라던 풀이라고 짐작한다. 2000년 전쯤부터 심어 온 것 같다. 우리나라에서도 팥 조상인 새팥과 팥과 가까운 친척인 좀들팥이 자라고, 들에서 저절로 팥이 자란다. 그래서 우리나라도 팥이 자라던 곳으로 여겨진다. 6세기쯤 중국에서 펴낸 농사책인 《제민요술》에 심고 기르는 방법이 잘 나와 있다. 우리나라에서는 청동기 시대 집터에서 팥알이 나오고, 7세기쯤 백제 군대 식량 창고에서 불에 탄 팥이 나온 것으로 보아 오래전부터 팥을 심어 기른 것 같다. 《동의보감》(1613)에는 우리 이름으로 '불근폿'이라고 나온다.

기르기와 거두기

팥은 콩 기르는 방법과 같다. 따뜻한 날씨를 좋아하고 축축한 땅을 싫어한다. 자라는 기간이 짧아서 밀이나 보리를 베고 심거나 옥수수나 마늘을 거둔 뒤에 심기도 한다. 한곳에 오래 심으면 병에 잘 걸리고 벌레가 많이 꼬이기 때문에 여기저기 다른 밭으로 돌려 심어야 좋다. 기르기 알맞은 온도는 20~24도이다.

갈무리

잎과 꼬투리가 70~80% 누렇게 익으면 낫으로 줄기를 벤다. 단으로 묶거나 널어서 잘 말린 뒤에 팥알을 턴다. 팥에는 팥바구미 같은 벌레가 잘 꼬인다. 팥바구미는 꼬투리에 알을 낳고, 알에서 깨어난 애벌레가 팥알 속으로 파고 들어가 산다. 팥을 갈무리해 두면 팥알에서 애벌레가 나와 팥을 갉아 먹는다. 이 애벌레가 또 어른벌레가 되어서 갈무리한 팥을 못 쓰게 만든다. 갈무리할 때 팥알을 잘 살펴보는 것이 좋지만 쉽지 않다. 서늘한 곳에 두면 벌레가 덜 생긴다.

병해충

팥은 모자이크병, 탄저병, 갈색점무늬병, 녹병, 흰가루병 같은 병에 잘 걸린다. 주로 잎이 말라 죽는다. 잘 꼬이는 벌레는 알락명나방 애벌레, 팥바구미, 아카시아진딧물 따위가 있다. 줄기에 붙어 빨아 먹거나, 줄기 속에 들어가 줄기를 시들게 하거나 꼬투리 속에 들어가 더 여문 팥알을 빨아 먹는다.

품종

사람들은 줄기가 곧게 서는 보통 팥과 덩굴로 뻗는 덩굴팥으로 나눈다. 또 심는 때에 따라 여름팥과 가을팥, 씨알 색깔에 따라 붉은팥, 검정팥, 푸른팥, 얼룩팥 따위로 나눈다. 붉은팥이 가장 많다.

팥은 오래전부터 심던 곡식이어서 토박이 팥이 많이 있다. 옛 농사책에도 여러 가지 팥 이름이 나온다. 《금양잡록》(1492)에는 봄갈이팥, 그루팥, 뫼대기팥, 저배부채팥, 먹팥, 올팥, 생동팥 같은 7가지 팥이 나온다. 그 뒤에 쓰인 《해동농서》(1798)에는 예팥이

보태졌고, 《행포지》(1825)와 《임원경제지》(1842)에는 우리 팥 11
종과 중국팥 20종이 나온다. 심는 때나 생김새에 따라 이름이 붙
었다. 오늘날까지 그루팥, 먹팥, 올팥, 산달팥, 예팥, 재령팥, 쉰날
이팥 같은 팥이 이름 그대로 내려 왔다.

옛 책

《한정록》에는 "기름진 땅은 좋이 않다."라고 하면서 음력 3~4월
에 심는다고 했다. 또 한 구멍에 서너 알이 넘지 않아야 좋다고
썼다. 중국 농사책인 《제민요술》에는 "하지 10일 뒤에 팥을 심으
면 가장 좋고, 초복까지 모두 심기만 해도 그다음 좋고, 중복이
가장 안 좋은 때이다. 중복이 지나면 이미 늦다."라고 하면서, 보
리를 거둔 밭에 심는다고 했다. 또 "팥은 가장 위쪽 꼬투리는 아
직 푸르지만 아래쪽 꼬투리가 누럴 때 뽑아서 거꾸로 세워 놓으
면 덜 여문 꼬투리도 고르게 익는다."라고 했다. 《증보산림경제》
에는 "콩류를 거둘 때는 이른 새벽이나 밤 또는 안개 속에서 거두
는 것이 좋다. 만약 낮에 거두면 꼬투리가 터져 버리는 알이 많
다."라고 했다. 《임원경제지》에는 "팥은 물기를 싫어한다. 물 때문
에 망치기 쉽다. 보리를 베고 그루갈이를 할 때는 먼저 밭두둑을
허물고 도랑을 가로로 내서 물길을 시원하게 뚫는다. 그러지 않으
면 10에 3~5를 잃는다."라고 나온다.

쓰임

팥은 다른 곡식과 함께 밥을 지어 먹는다. 또 우리 겨레는 팥 색깔이 빨개서 귀신이나 나쁜 기운을 물리친다고 믿었다. 그래서 한 해가 마무리되는 동짓날에 팥죽을 끓여 먹으면서 풍년이 오기를 빌고, 이사를 하면 팥죽을 끓여 문에 바르거나 시루떡을 쪄서 이웃과 나누어 먹었다. 또 아기 돌맞이 수수팥떡에도 꼭 팥고물이 들어간다. 요즘에는 설탕과 함께 삶아 빵이나 팥빙수에 많이 넣는다. 양갱도 팥으로 만든다. 팥잎은 쪄 먹기도 하고 장아찌를 담근다. 마른 팥 깍지는 삶아서 소를 먹인다.

팥에는 비타민 B_1이 많이 들어 있어서 옛날부터 각기병에 안 걸리려고 팥을 먹었다. 팥을 넣고 잉어를 끓여 먹으면 좋다고 한다. 또 변비에 걸려 똥이 굳어 안 나올 때 먹어도 좋다. 《동의보감》에 약으로 쓸 때는 빛깔이 붉고 일찍 거둔 팥이 좋고, 늦게 거둔 팥은 약효가 적다고 나온다. "성질이 차지도 덥지도 않다(조금 차다고도 하고 따뜻하다고도 한다). 맛이 달면서 시고 독이 없다. 몸에서 물을 빼 주고 피고름을 빨아낸다. 목마름을 풀고 설사와 이질을 멎게 하고, 오줌이 잘 나가게 한다. 몸에 물이 차 붓거나 배가 몹시 부풀어 오르는 것을 내린다."라고 했다. 또 "붉은팥은 진액을 뽑아내는 성질이 있기 때문에 수기병과 각기병을 고치는 약으로 으뜸이다. 몸에 물이 살 돌게 하고 기를 통하게 하며 비장을 확 씻어 내는 약이다. 오랫동안 먹으면 몸이 검게 되면서 몹시 마른다."라고 했다. 또 팥잎은 오줌을 자주 누는 것을 멎게 하고, 팥꽃은 술을 먹고 목이 탈 때 약으로 쓴다고 나온다.

열매채소

가지
고추
땅콩
박
오이
참외
토마토
호박

가지 까지, 가지, 자가 *Solanum melongena*

2012년 7월 인천 강화

가지과
키 60~100cm
모종하는 때 4월 말~5월 초
꽃 피는 때 여름부터 늦가을까지
거두는 때 7월~10월 초까지

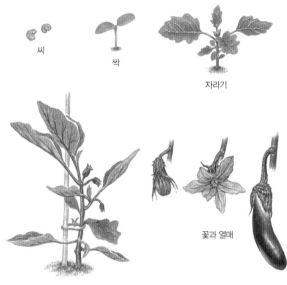

씨

싹

자라기

꽃과 열매

버팀대 세우기

1. 흔히 모종을 심는다. 3주쯤 지나면 곁가지가 나온다.
   이때쯤 버팀대를 세우고 줄로 묶어 준다.
2. 모종을 심고 한 달 반쯤 지나면 꽃이 핀다. 꽃이 피면 어지럽게
   뻗은 곁가지를 잘라 낸다. 그래야 열매가 튼튼하게 여문다.
3. 7월이면 열매를 맺기 시작한다. 꽃이 피고 열흘쯤 지나면 열매를
   따 먹을 수 있다.

가지는 밭에 심어 기르는 한해살이 열매채소다. 가지가 처음 자란 곳은 인도라고 짐작하고 있다. 원래 자라던 인도나 열대 지역에서는 여러해살이풀이다. 5~6세기에 인도에서 말레이시아를 거쳐 중국으로 전해진 것 같다. 중국에서 6세기에 쓰인 《제민요술》이라는 책에 처음 나온다. 우리나라에는 삼국 시대 때부터 심어 온 것 같다. 중국 송나라 때 약초책인 《본초연의》에 "신라에 가지가 한 종 있다. 생김새가 달걀을 닮았고 엷은 자줏빛이 나고 반들반들하다. 꼭지가 길고 맛이 달다."라고 나온다. 우리나라 《동의보감》(1613)에는 '가자(茄子), 가지'라고 한자 이름과 우리 이름이 함께 나오면서 "자줏빛 가지와 누런 가지가 있는데 남북 지방에 다 있다. 파란 물가지와 흰 가지는 북쪽에만 있다. 누런 가지를 약으로 쓴다. 다른 가지는 채소로만 먹는다."라고 했다.

기르기와 거두기

가지는 이른 봄에 밭에 모종을 심는다. 도시에서는 화분에다 심기도 한다. 햇빛이 잘 드는 곳에 두고 물만 잘 주면 잘 자라서 아이들도 쉽게 기를 수 있다. 헛꽃이 거의 없이 꽃이 핀 자리마다 열매가 열린다. 여름부터 늦가을까지 길쭉한 보랏빛 열매가 열려 줄곧 따 먹을 수 있다. 가지는 씨가 여물기 전에 싱싱한 것을 딴다. 품종에 따라 노랗거나 하얀 가지도 열린다.

가지 씨가 싹 트기 알맞은 온도는 11~18도이다. 온도가 22~30도 안팎일 때 잘 자란다. 축축한 땅을 좋아해서 땅이 마르지 않게 물을 자주 주어야 한다. 해마다 같은 밭에 심지 말고 2~3년 간격으로 밭을 돌려 가며 심는다.

갈무리

가지를 잘 말려 두면 겨울에도 먹을 수 있다. 말릴 때는 열매를 세로로 두 조각이나 네 조각으로 자른 다음, 줄에 걸쳐서 말린다. 동글납작하게 썬 다음 소금물에 담갔다가 물기를 빼서 말리기도 한다. 말린 가지를 물에 살짝 불렸다가 조리거나 볶아 먹는다. 《증보산림경제》에는 가지와 마늘을 함께 재우는 방법이 나온다. "늦가을에 작은 가지를 따서 꼭지를 버리고 문질러서 깨끗하게 씻는다. 식초 한 주발과 물 한 주발을 서로 섞어 불에 달이다가 살짝 끓거든 가지를 데친 뒤 거꾸로 쏟아 말린다. 찧은 마늘과 소금을 넣고 가지와 골고루 섞어서 사기 항아리 속에 넣어 둔다."라고 했다.

병해충

가지는 병에 잘 걸리지 않고 잘 자란다. 이십팔점박이무당벌레가 자주 날아와 잎을 갉아 먹는다. 노린재도 날아와 줄기를 빨아 먹는다. 하지만 큰 피해를 주지는 않는다. 나방 애벌레는 줄기를 파고 들어간다. 장마철이 지나고 날씨가 무더우면 열매에 허연 곰팡이가 낀 것처럼 병이 들기도 한다.

품종

우리나라에서 오랫동안 길러 왔지만 품종이 그렇게 많지 않다. 가지는 열매 생김새가 달걀꼴, 공 꼴, 길쭉한 꼴이 있다. 또 열매 색깔이 자주색, 노란색, 흰색, 파란색 따위가 있다. 우리나라에 서는 생김새가 길쭉하고 색깔이 자줏빛인 가지를 많이 심는다. '쇠뿔가지'라고 한다. 서양에서는 가지가 달걀을 닮았다고 '에그플 랜트(eggplant)'라고 한다.

옛 책

《한정록》에는 "청명 때 볍씨와 함께 물에 담갔다가 이랑을 만들 어 심는다. 2~3치쯤 자라면 옮겨 심는데 드문드문 심어야 한다. 매일 아침마다 맑은 거름물을 준다."라고 했다. 《사시찬요초》에 는 "가지는 물을 좋아해 늘 축축하게 해 준다. 가지 모종을 처음 심을 때 가물면 물을 듬뿍 주고 심고, 햇볕이 쬐지 않도록 덮어 준다. 꽃이 필 즈음에 마구 뻗은 잎을 딴다. 뿌리 쪽에 재를 덮어 주면 열매가 두 배나 많이 열린다. 유황 가루를 한 숟가락쯤 뿌리 쪽에 뿌리고 북 돋우면 열매가 두 배나 많이 열린다."라고 했다. 《증보산림경제》에는 "가지를 심을 땅을 잘 다져야 한다. 허술하 면 바람이 들어와 살기 어렵다."라고 했다. 《산림경제》에는 씨앗 받는 방법이 나온다. "가지 열매가 익었을 때 따다가 쪼개서 씨를 뺀다. 씨를 물에다 일어 가라앉는 것만 거둔 뒤 말려서 잘 둔다." 라고 했다.

쓰임

가지는 찌거나 튀기거나 볶거나 김치를 담가 먹는다. 가지김치는 오이소박이처럼 소를 박아 담근다. 가지장아찌는 날가지를 고추장이나 된장에 박아 넣는다. 날가지를 그냥 먹어도 맛이 달짝지근하다.

《증보산림경제》에는 겨울철에 가지김치 담그는 방법이 나온다. "가지가 처음 서리를 맞으면 그 맛이 반드시 달다. 바로 따서 꼭지와 가지에 붙은 껍질과 가시를 없앤다. 먼저 오래 끓인 물을 식혔다가 소금을 넣어 간을 맞춘다. 가지를 작은 항아리에 넣고 반들반들한 돌로 눌러 두고 소금물을 붓는다. 그리고 볏짚으로 덮은 뒤 항아리 주둥이를 싸 막고 뚜껑을 덮어 땅에 묻는다. 섣달에 가지를 꺼내어 쪼갠 뒤 조청을 뿌려 먹으면 맛이 깔끔하고 맛있다. 만약 색깔을 붉게 하려면 맨드라미를 함께 넣는다."라고 했다. 또 날가지에 오래 묵은 굴젓을 얹어 먹으면 술안주로 좋다고 나온다.

가지에는 폴리페놀이라는 성분이 많이 들어 있어서 암을 막는데 채소 가운데 으뜸이라고 한다. 가지를 자주 먹으면 콜레스테롤이 낮아지고 핏줄이 튼튼해져서 고혈압이나 동맥경화를 막는다. 열을 내리고 피가 잘 돌게 하고 부기를 가라앉힌다.

《동의보감》에는 "성질이 차고 맛이 달고 독이 없다. 추웠다 열이 났다 하면서 오장에 기운이 없는 병과 폐결핵을 낫게 한다."라고 나온다. 뿌리와 마른 줄기와 잎을 달인 물에 몸이 얼어서 헐은 곳을 담그고 씻으면 잘 낫는다고 했다. 또 잘라낸 가지 꼭지로 사마귀나 티눈을 문지르면 말끔히 벗겨진다고 한다.

하지만 가지를 많이 먹으면 목소리가 거칠어진다. 감기에 걸려 기침을 많이 할 때도 가지를 먹으면 더욱 심해진다. 또 찬 성질이 있어서 열이 많은 사람이 먹으면 열을 내려 주지만 몸이 찬 사람은 많이 안 먹는 게 좋다.

고추 진초, 당초, 신초 *Capsicum annuum*

2004년 8월 서울 마포 성미산

가지과
키 50~60cm
모종 심는 때 4월 말~5월 초
꽃 피는 때 6~7월
거두는 때 6월 중순~10월 중순

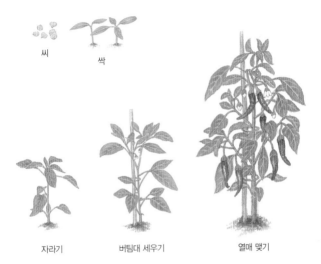

씨

싹

자라기

버팀대 세우기

열매 맺기

1. 모종을 밭에 옮겨 40cm쯤 넘게 띄워 구덩이에 모종을 하나씩 넣고
   물을 흠뻑 주면서 심는다.
2. 모종을 심은 지 스무 날쯤 지나면 새 가지가 돋는다. 이때쯤
   버팀대를 세우고 줄로 대를 묶는다.
3. 모종을 옮겨 심고 한 달쯤 지나면 가지 사이에서 하얀 꽃이
   군데군데 핀다. 꽃이 지면 열매가 달리고, 한 달쯤 지나면 빨갛게
   익는다. 맨 처음 열리는 고추는 따 버린다.

고추는 밭에 심어 기르는 한해살이 열매채소다. 열대에서 자라는 고추는 여러해살이다. 오이나 호박처럼 여름에 열매를 따 먹는다. 열매에서 나는 매운맛 때문에 양념 채소로 널리 기른다.

고추는 원래 남아메리카에서 자라던 풀이다. 멕시코에서는 기원전 6500년쯤부터 먹기 시작했고, 기원전 850년쯤에는 길러 먹었던 것 같다. 1493년에 콜럼버스를 따라 배를 탔던 잔가라는 사람이 멕시코 원주민들이 후추보다 더 맵고 빛깔이 빨간 고추를 양념으로 쓰는 것을 보고 이 고추씨를 유럽으로 가져갔다. 이때는 고추를 붉은 후추(red pepper)라고 했다. 15세기에는 영국과 유럽 중부 지방까지 퍼졌다.

중국에는 16세기 명나라 말쯤에 들어왔다고 한다. 1578년에 이시진이 쓴《본초강목》에는 아직 고추가 나오지 않는다. 일본에는 1542년에 포르투갈 사람이 담배와 함께 고추를 가져왔다고도 하고, 임진왜란(1592~1598) 때 우리나라에서 가져갔다고도 한다.

우리나라에서는 조선 시대부터 심어 기르기 시작했다. 중국에서 들어왔다고도 하고, 일본에서 들어왔다고도 한다.《지봉유설》(1614)에는 고추를 '남만초(南蠻椒)'라고 했는데, '남쪽 사람들이 먹는 후추'라는 뜻이다. 또 고추가 일본에서 건너왔다고 '왜개자(倭芥子)'라고도 하였다. 하지만《증보산림경제》(1766)에서는 고추를 당나라에서 자라는 후추라는 뜻으로 '당초(唐椒)'라고도 했다. 아마도 임진왜란(1592)을 앞뒤로 해서 중국과 일본을 오고 가다가 호박과 담배와 함께 들어온 것 같다. 이때는 매운 풀이라는 뜻으로 '고초(苦草)'라고도 했다.

기르기와 거두기

고추는 사오월에 심어 늦가을까지 따 먹는다. 열매가 당글당글 잘 열려서 그때그때 풋고추로 따 먹는다. 고추는 날씨가 따뜻해 야 잘 큰다. 알맞은 온도는 25도쯤이다. 해가 잘 들고 땅이 기름 지고 물이 잘 빠지는 곳에서 잘 자란다. 맨 처음 달리는 열매는 따 버린다. 그러면 줄기가 더 튼튼해지고 열매도 많이 열린다. 또 가지가 두세 갈래로 갈라지면 새로 뻗는 가지를 쳐 낸다. 그래야 비바람에 안 쓰러진다. 날씨가 무덥고 햇볕을 많이 받아야 열매 가 빨갛게 잘 여문다.

갈무리

풋고추는 그때그때 따 먹는다. 늦가을에 빨갛게 익은 고추는 따 서 햇볕에 잘 말린다. 잘 마르면 껍질이 반지르르하고 속이 훤히 보이며, 손가락으로 튕기면 탱탱 소리가 난다. 잘 마른 고추를 흔 들어 보면 안에 든 씨앗이 달그락달그락 소리를 낸다. 요즘에는 불을 쬐어 말리기도 한다. 잘 말린 고추를 빻아 고춧가루를 낸다. 고춧가루는 물기가 없고 서늘한 곳에 둔다.

병해충

고추에는 진딧물이나 거세미나방 애벌레, 노린재, 나방 애벌레 같은 벌레가 잘 꼬인다. 뿌리나 잎, 열매를 갉아 먹는다. 그때그때 잡아 없앤다. 또 고추떡가루병, 고추모자이크병, 고추탄저병, 고

추역병 같은 병에도 걸린다. 이 가운데 고추역병 피해가 가장 크
다. 장마 때에는 탄저병에 걸리기 쉽다.

품종

우리나라에서 기르는 고추는 매운맛이 센 고추와 덜한 고추가
있다. 또 꽃밭이나 화분에 기르는 고추도 있고, 요즘에는 다른 나
라에서 들어온 피망도 많이 심는다.

우리나라는 100종쯤 되는 고추가 있다. 고추를 키우는 마을 이
름을 따서 영양·천안·음성·청양·임실·제천 고추로 부른다.

잘 알려진 토박이 고추로는 음성 중공초와 앉은뱅이고추, 영양에
서 나는 칠성초와 수비초, 청도 풍각초, 영덕 하늘초, 매운 고추
로 잘 알려진 청양고추 따위가 있다. 요즘 파는 청양고추는 사실
옛 토박이 청양고추가 아니다. 토박이 청양고추는 키가 더 작고
열매 끝이 살짝 뭉뚝하게 생겼는데, 더 맵다.

옛 책

《규합총서》에는 "음력 2월에 씨를 뿌린 뒤 사오월 비가 온 뒤 옮
겨 심는다. 땅이 메마르고 바람이 많이 부는 곳에 심으면 열매가
잘 열린다."라고 했다. 《증보산림경제》에도 "마른 땅에 심는 것이
좋다. 음력 2월에 씨를 뿌리고 사오월에 비가 오면 옮겨 심는다.
바람이 잘 부는 곳에 심으면 열매가 많이 열린다."라고 썼다.

쓰임

고추는 풋고추로도 먹고 빨갛게 익혀서도 쓴다. 풋고추는 날로 된장이나 고추장을 찍어 먹으면, 아주 풋풋하고 아삭하고 매콤해서 반찬으로 먹으면 좋다. 또 간장에 절이거나 된장에 박아 장아찌를 만든다. 국이나 찌개, 매운탕에도 넣는다. 고추 속에 고기를 다져 넣어 전을 부쳐 먹어도 맛있다.

빨갛게 잘 익은 고추는 햇볕에 말려 가루로 빻아 고춧가루를 낸다. 고춧가루는 김장에도 쓰고 여러 가지 반찬을 만들거나 국이나 찌개나 탕을 끓일 때 넣는다. 우리나라에서는 1700년쯤부터 김치를 담글 때 고춧가루를 넣었다. 고춧가루와 메줏가루를 섞어서 고추장을 만든다. 《증보산림경제》(1766)에 고추장 만드는 법이 처음 나온다. 고춧잎은 따서 데친 뒤 된장이나 고추장에 조물조물 무쳐 나물로 먹는다. 고춧잎으로 장아찌를 담그기도 한다. 다 여문 고추 씨앗으로는 기름을 짠다.

고추에는 비타민C가 사과보다 18배가 더 많이 들어 있다. 또 매운맛을 내는 '캡사이신'이라는 성분은 소화가 잘되게 돕고, 입맛을 돌게 하며, 피가 잘 돌게 하고, 신경통에도 좋다. 또 감기에 걸리거나 기관지에 염증이 생기거나 가래가 끓을 때 좋다. 고추에서 캡사이신을 뽑아 활명수 같은 소화제를 만든다.

땅콩 호콩, 낙화생 *Arachis hypogaea*

꽃 2004년 7월 서울 마포 성미산

콩과

키 60cm

씨 뿌리는 때 4월 말~5월 초

꽃 피는 때 7~9월

거두는 때 9월 말~10월 중순

열매 2004년 9월 서울 마포 성미산

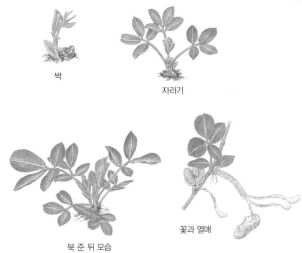

싹

자라기

북 준 뒤 모습

꽃과 열매

1. 30cm 쯤 띄워 구덩이를 얕게 파고 씨 땅콩을 세 알쯤 넣는다.
   씨앗을 심고 스무 날쯤 지나면 싹이 올라온다.
2. 심은 지 한 달 넘게 지나면 잎줄기가 뻗어 나가면서 빠르게 자란다.
   두 달쯤 지난 7~8월에 꽃이 피기 시작한다.
3. 꽃가루받이를 하고 나면 암꽃 씨방 자루가 아래로 길게 뻗으면서
   땅을 뚫고 들어간다. 땅속에서 꼬투리 열매가 열린다.
   꼬투리가 열리면 자주 흙을 북 돋워 준다.
4. 10월쯤 잎이 누렇게 바뀌기 시작하면 거둔다.

땅콩은 밭에 심어 기르는 한해살이 열매채소다. 모래가 많이 섞인 밭에서 잘 자란다. 본디 남아메리카 브라질과 페루에서 자라던 풀이다. 중국에는 18세기쯤에 들어왔고, 일본에는 1874년 미국에서 들어왔다. 우리나라에는 언제 들어왔는지 뚜렷하지 않다. 다만 영조 때인 1766년에 펴낸 《증보산림경제》에는 땅콩이 나오지 않지만, 이덕무가 1780년에 쓴 《양엽기》라는 책에는 땅콩이 누에를 닮았다고 나온다. 그래서 1780년 앞뒤로 땅콩이 들어온 것 같다. 어떤 사람들은 땅콩이 일본에서 왔다고도 한다. 하지만 일본에 땅콩이 들어온 때보다 30년이나 앞서서 펴낸 《임원경제지》(1842)에 벌써 땅콩을 기르는 방법이 적혀 있는 것으로 보아 일본에서 건너온 것 같지 않다. 이규경이 19세기에 펴낸 《오주연문장전산고》라는 책에는 이표덕이라는 사람이 중국에서 땅콩을 가져왔고, 이덕무가 중국에서 땅콩 포기를 가져와 길렀지만 다 썩어 버렸다는 내용이 나온다. 그래서 아마도 땅콩은 중국에서 들어온 것 같다.

기르기와 거두기

땅콩은 다른 식물과 달리 땅속에서 열매가 열린다. 가루받이가 끝나면 씨방 자루가 밑으로 길게 자라서 땅속으로 뚫고 들어간다. 여기에서 꼬투리 열매를 맺는다. 땅속으로 들어가지 못하면 열매를 맺지 못한다. 그래서 땅콩을 기를 때는 자주 북 돋워 주어야 한다. 또 씨방 자루가 땅속에 쉽게 들어가는 모래땅에서 키워야 좋다. 옛날에는 꽃이 떨어진 곳에 열매가 생긴다고 '낙화생(落花生)'이라고 했다.

땅콩은 온도가 높아야 잘 자란다. 우리나라 중부 남쪽인 경기, 충남, 전북, 제주도에서 많이 심는다. 물 빠짐이 좋은 모래흙이 있는 강가에서 많이 키운다. 땅콩은 20도가 넘어야 싹이 튼다. 자라기 알맞은 온도는 26도이다. 햇빛이 잘 드는 곳에서 키운다. 땅콩은 한 그루에 암꽃과 수꽃이 따로 펴서 꽃가루받이를 한다.

갈무리

9월 말이나 10월에 잎이 마르면 날씨가 좋을 때 줄기째 뽑는다. 포기 채 한 주쯤 그늘에서 말린 뒤 줄기에서 꼬투리를 모두 떼어 낸다. 딱딱한 껍데기째 갈무리하는 게 좋다. 땅콩은 속 알맹이 껍질을 벗겨 놓으면 산화되어 맛이 안 좋다. 그래서 속 알맹이 얇은 껍질은 벗기지 않고 둔다. 땅콩은 갈무리를 잘못해서 속에 검은 곰팡이가 피면 아플라톡신이라는 암을 일으키는 물질이 생겨나니 조심해야 한다.

병해충

땅콩 밭에는 풀이 아주 잘 자란다. 늘 김매기를 잘 해 준다. 땅콩에 생기는 병에는 갈색무늬병, 검은무늬병, 그물무늬병, 녹병 따위가 있다. 땅콩을 같은 밭에 해마다 심으면 안 좋다. 두더지나 굼벵이는 땅콩을 좋아해서 땅속에 자란 꼬투리를 갉아 먹는다.

품종

땅콩은 1900년대에 들어서야 사람들이 많이 심어 기르기 시작했다. 우리나라에 들어온 지 얼마 안 되었고, 스스로 꽃가루받이를 하기 때문에 품종이 많지 않다.

땅콩은 줄기가 곧게 서는 땅콩과 땅을 기어 뻗는 땅콩, 땅을 기다가 줄기가 곧게 서는 땅콩이 있다. 또 땅콩 열매 크기에 따라 알이 큰 땅콩과 작은 땅콩이 있다. 알이 큰 땅콩은 사람들이 많이 먹고, 알이 작은 땅콩은 과자나 빵에 넣거나 기름을 짠다. 알이 큰 땅콩은 영남과 호남, 제주도에서 많이 심고, 알이 작은 땅콩은 북쪽에서 많이 심어 기른다. 알이 큰 땅콩으로 서둔땅콩, 영호땅콩이 있고, 알이 작은 땅콩으로 올땅콩이 있다.

쓰임

열매 꼬투리는 허리가 잘록한 호리병처럼 생겼다. 딴딴한 꼬투리 안에는 불그레한 속껍질에 싸인 씨앗이 두세 알 들어 있다. 날땅콩을 그냥 먹거나 볶거나 쪄서 먹으면 맛있다. 또 과자나 빵을 만들 때도 넣는다. 또 갈아서 죽을 만들어 먹으면 몸에 좋다. 땅콩 속에는 우리 몸에 좋은 기름이 40~50% 들어 있다. 이 기름을 모아서 땅콩버터나 기름을 만들기도 한다. 단백질도 20~30%로 들어 있고, 비타민B, 비타민E, 비타민F도 많이 들어 있다. 땅콩은 핏속 콜레스테롤을 낮추고 고혈압을 막아 준다. 또 소화를 돕고 머리를 맑게 해서, 머리를 많이 쓰는 사람이나 공부하는 학생이 먹으면 좋다. 땅콩을 쪄서 알을 싸고 있는 얇고 빨간 껍질까지 먹으면 몸에 더 좋다.

또 땅콩을 먹으면 기침이 멎고, 젖이 잘 나오며, 똥을 잘 싼다. 소화가 잘 안 되는 사람이나 몸이 허약한 사람은 땅콩을 찧어 멥쌀을 넣고 죽을 쑤어 먹으면 좋다. 하지만 설사를 하거나 위장병이 있는 사람은 안 먹는 게 좋다. 땅콩을 볶아서 주전부리나 술안주로 먹고, 기름으로는 비누를 만들거나 기계에 기름칠을 한다. 줄기와 잎을 거둬 집짐승을 먹이고, 딱딱한 땅콩 껍질을 모아 종이를 만들기도 한다.

땅콩은 알을 싼 얇은 껍질을 벗겨 놓으면 쉽게 썩는다. 땅콩을 살때도 껍질을 안 벗긴 땅콩을 사는 것이 좋다.

박 바가지, 종그락지 *Lagenaria siceraria*

2013년 8월 충남 서산

박과
씨 뿌리는 때 3~4월
꽃 피는 때 7~9월
거두는 때 10월

조롱박

고지박

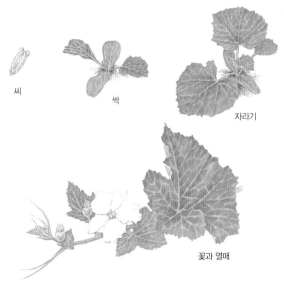

씨

싹

자라기

꽃과 열매

1. 씨를 어른 한 걸음쯤 사이를 띄워서 서너 알씩 심는다.

2. 씨를 심은 지 일주일쯤 지나면 싹이 튼다.

3. 줄기가 자라면 가장 튼튼한 줄기만 남기고 솎아 낸다. 덩굴이
   자라도록 버팀대를 세워 준다. 줄기가 자랄 때 순지르기를 한다.

4. 7~8월에 하얀 꽃이 핀다. 꽃이 지면 암꽃에 열매가 달린다.

5. 열매가 달린 지 15~20일쯤 지나면 박이 꽤 커진다. 이때 따도
   속살을 먹을 수 있다.

6. 두 달쯤 지나면 박이 익는다.

박은 집 가까이에 심어 기르는 한해살이 덩굴풀이다. 덩굴로 뻗기 때문에 담장이나 울타리처럼 덩굴이 감고 올라갈 수 있는 곳에 심는다. 옛날 시골에서는 바가지를 만들려고 집집마다 한두 포기씩 심어 길렀다. 박꽃은 저녁 해거름에 꽃이 피고, 해가 뜨면 꽃이 시든다. 그래서 시계가 없던 옛날에는 박꽃이 피면 저녁밥을 했다.

박은 인도와 아프리카에 자라던 풀이라고도 하고, 남아메리카에서 자라던 풀이라고도 한다. 이집트에서는 기원전 3500~3300년쯤 된 무덤에서 박이 나왔고, 멕시코에서는 땅속에서 기원전 7000~5000년쯤 된 박이 나왔다.

중국에서는 기원전 12세기 옛 집터에서 박이 나왔다. 6세기에 펴낸 《제민요술》이라는 농사책에는 박을 심고 가꾸는 방법이 잘 나와 있다. 이때에도 박 속을 나물로 먹고 바가지를 만들었다. 우리나라에서도 오래전부터 박을 심어 길러 왔다. 《삼국유사》에는 신라를 세운 혁거세가 박처럼 생긴 알에서 나왔다고 성이 박 씨가 되었다고 나온다. 이때 이미 박을 길렀다고 여겨진다. 그 뒤로 《색경》(1676), 《산림경제》(1700), 《해동농서》(1798), 《임원경제지》(1842) 같은 농사책에 박을 심고 기르는 방법이 나온다.

기르기와 거두기

박은 따뜻한 날씨를 좋아한다. 20~25도일 때 기르기 가장 알맞다. 온도가 낮으면 박 속살 맛이 쓰다. 땅이 기름지지 않아도 잘 자란다. 덩굴로 뻗기 때문에 타고 올라갈 수 있는 담장이나 버팀대가 있어야 한다.

갈무리

늦가을에 잘 여문 박은 톱으로 반을 가른다. 속을 잘 긁어낸 뒤 끓는 물에 삶는다. 삶은 뒤 박에 붙은 나머지 속살도 잘 긁어내고 바람이 잘 통하는 그늘에서 말린다. 물기가 남으면 곰팡이가 피기도 한다. 햇빛에 말리면 바가지가 비틀어질 수도 있다.

병해충

박은 병충해가 적다. 잎에서 특이한 냄새가 나서 벌레도 잘 안 꼬인다. 가끔 덩굴쪼김병, 탄저병, 모자이크병 따위에 걸린다. 하지만 수박보다 덩굴쪼김병에 강하기 때문에 박 줄기에 수박 줄기를 접붙여 키운다. 그러면 수박이 더 튼튼하게 자란다.

품종

박은 생김새가 둥근 박, 길쭉한 박이 있다. 또 껍데기 색깔이 푸른 박, 하얀 박이 있다. 속살을 먹으려고 심는 박도 있고, 수박에 접을 붙여 키우려고 심는 박도 있다. 우리나라 토박이 박으로는 큰박, 고지박, 조롱박 따위가 있다. 큰박은 생김새가 둥글고 크다. 잘 여물면 톱으로 반을 갈라 속실을 긁어서 먹고 껍데기로 바가지를 만든다. 고지박은 속살로 박고지를 만든다. 조롱박은 호리병처럼 생겼다. 그래서 '호리병박'이라고도 한다. 반을 갈라 만든 바가지를 '표주박'이라고 한다.

옛 책

《임원경제지》에는 박을 심고 기르는 방법이 잘 정리되어 있다. "박은 단단하고 기름진 땅에 심는다. 구덩이를 파고 누에똥이나 썩히지 않은 소똥을 흙과 섞어 구덩이 속에 넣고 발로 밟아 다진다. 그리고 물을 준 뒤 마르기를 기다렸다가 씨를 심으면 열매가 단단하게 맺는다. 만약에 낮고 축축하거나 너무 기름진 땅에 심으면 열매가 너무 부드러워 먹을 만은 하지만 그릇을 만드는 데는 맞지 않다. 덩굴이 뻗어 초가집에 올라가면 집에 물이 새고, 기와집으로 올라가면 열매가 여위며 썩고, 땅 위에 누우면 열매가 단단하지 않다. 그렇기 때문에 울타리로 올리거나 땔나무 시렁을 타게 해야 좋다. 열매를 맺을 때 짚을 동그랗게 말아 밑을 받쳐 주면 완전히 둥그레진다."라고 나온다.

쓰임

박은 속살을 긁어 나물로 먹고 껍데기를 잘 말려 바가지로 쓴다. 덜 여문 박 속살은 나물로 먹거나 호박고지처럼 썰어 말리기도 한다. 석박지나 나박김치, 박김치를 해 먹는다. 또 속살을 넣고 칼국수를 끓이거나 만두를 빚는다. 묵나물을 만들기도 한다. 정월 대보름에 박고지 나물을 만들어 먹는다. 박은 소화가 잘되고 속이 편안하다. 박 속살에는 칼슘, 인, 철 같은 성분이 많이 들어 있다. 살결이 좋아지고 살도 빠지고 성인병을 막는다.

플라스틱이 없던 옛날에는 박으로 바가지를 만들었다. 박 바가지는 가볍고 단단해서 부엌에서 쓸모가 많은 그릇이다. 바가지를

만들 때는 우선 잘 여문 박을 골라낸다. 바늘로 찔러서 안 들어
가는 단단한 박을 골라 딴다. 이렇게 따낸 박은 톱으로 켜서 둘로
쪼갠다. 씨가 들어 있는 속을 긁어낸 뒤 찌거나 삶는다. 크기가
작고 허리가 잘록한 조롱박도 바가지 만드는 법은 꼭 같다. 조롱
박으로 만든 바가지는 간장독이나 곡식 항아리에 넣어 두고 썼
다. 물이 닿아도 안 터지고 잘 견딘다. 물을 뜨면 물바가지, 쌀을
푸면 쌀바가지, 소여물을 푸면 쇠죽바가지라고 했다. 또 꼭지 쪽
에 주먹만 한 구멍을 내고 속을 파낸 바가지는 뒤웅박이라고 한
다. 그 속에 곡식이나 씨앗 따위를 담아 처마 밑이나 방문 밖에
매달아 둔다. 요즘에는 바가지에 그림을 그려 장식품을 만든다.
《동의보감》에는 속살이 단 박이 나온다. "성질이 차고 맛이 달다.
독이 없다(독이 조금 있다고도 한다). 오줌을 잘 나가게 하고, 가
슴이 답답하고 열이 나며 목이 타는 병을 낫게 한다. 마음이 답
답하여 몸에 나는 열을 없앤다. 작은창자를 튼튼하게 하고, 심장
과 허파를 눅이며, 콩팥이나 오줌보에 돌이 생겨 아픈 병을 낫게
한다."라고 나온다.

오이 물외, 외, 우이, 웨 *Cucumis sativus*

2004년 6월 서울 마포 성미산

박과
길이 5m
씨 뿌리는 때 4월 말
모종하는 때 5월 중순
꽃 피는 때 5~7월
거두는 때 6~9월

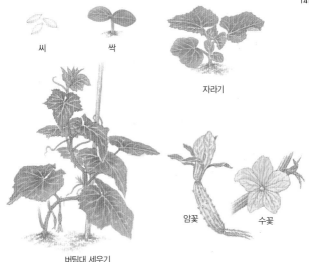

씨   싹

자라기

암꽃   수꽃

버팀대 세우기

1. 구멍을 파고 씨앗을 서너 알 심는다. 심은 지 일주일쯤 지나면 싹이
   나온다. 싹이 나고 두 주쯤 지나면 본잎이 서너 장 올라온다. 그러면
   가장 튼튼한 한 그루만 남기고 나머지는 솎아 낸다.

2. 씨앗을 심은 지 두 달쯤 지나면 덩굴손이 뻗어 나간다. 이때쯤 포기
   가까이에 버팀대를 세운다.

3. 덩굴손이 뻗어 나갈 때쯤이면 잎겨드랑이에서 노란 암꽃과 수꽃이
   따로 핀다. 꽃이 피고 두 주쯤 지나면 열매가 따 먹을 수 있을 만큼
   커진다. 줄기가 너무 엉기면 자르고, 시든 잎은 딴다. .

오이는 열매를 먹으려고 심어 기르는 한해살이 열매채소다. 인도 서북부에 있는 히말라야 산기슭에서 자라던 풀이라고 한다. 인도에서는 3000년 전부터 심어 길렀다고 한다. 오이는 세 갈래 길을 따라 온 세계에 퍼진다. 먼저 인도에서 지중해를 거쳐 유럽으로 퍼지고, 그 뒤로 아메리카 대륙으로 건너가 퍼졌다. 두 번째 길은 인도에서 중국 남쪽을 거쳐 동남아시아로 퍼졌고, 세 번째 길은 실크로드를 따라 중국 북쪽으로 퍼졌다. 2~3세기쯤에 로마에서는 겨울에도 방 안에서 심어 길렀다고 한다. 아메리카 대륙에는 1494년 콜럼버스가 쿠바에 오이를 가져간 뒤, 18세기에 북아메리카 온 지역에 퍼졌다. 남아메리카에서는 1647년에 브라질에서 심기 시작했다.

중국에는 기원전 2세기에 장건이라는 사람이 가져와서 기르기 시작했다고 한다. 중국 오이는 북쪽에서 나는 오이와 남쪽에서 나는 오이가 제법 다르다. 6세기에 펴낸 《제민요술》이라는 중국 농사책에 오이를 심고 기르는 법이 자세하게 나와 있다.

우리나라에서는 통일 신라 때에 오이를 길렀다고 한다. 《고려사》에 통일 신라 때 오이와 참외를 길렀다는 기록이 있다. 조선 시대 《색경》, 《산림경제》, 《해동농서》, 《임원경제지》 같은 농사책에 줄곧 오이 기르는 방법이 자세하게 나온다. 《동의보감》에는 오이와 오이씨를 약으로 쓴다고 했다.

기르기와 거두기

오이는 날씨가 추우면 잘 안 자란다. 봄에 씨앗을 뿌려 두면 여름내내 열매를 따 먹을 수 있다. 봄 늦서리가 그치고 날씨가 따뜻해

지는 4월 말쯤에 씨를 뿌린다. 싹이 나면 덩굴손이 타고 올라가도
록 버팀목을 세운다. 낮 온도가 25~28도이고 밤 온도가 15~18
도일 때가 가장 알맞다. 35도 넘게 올라가거나 15도 밑으로 내려
가면 잘 안 자라고 열매도 잘 안 큰다. 또 밭이 너무 메마르거나
힘들게 자라면 오이 맛이 쓰다. 오이는 아들 줄기에서 많이 달리
기 때문에 가지치기와 순지르기를 자주 한다. 오이는 암꽃과 수
꽃이 따로 핀다.

갈무리

오이는 덜 여문 풋열매를 그때그때 딴다. 오래 두고 먹으려면 오
이소박이김치나 오이지를 담근다. 열매를 따지 않고 그대로 두면
누렇게 익는다. 늙은 오이를 갈라 속을 파내 깨끗한 물로 씻어 씨
를 거른 뒤 그늘에서 잘 말린다.

병해충

오이는 노균병, 덩굴마름병, 역병, 탄저병, 모자이크병, 덩굴쪼김
병 따위에 잘 걸려 말라 죽는다. 병에 안 걸리려면 한곳에서 줄곧
심지 않는 것이 좋고, 토박이 오이를 심으면 좋다. 진딧물이나 나
방 애벌레가 와서 줄기나 잎을 갉아 먹기도 한다.

품종

우리나라에서 옛날부터 길러 온 토박이 오이는 중국 남쪽에서 들어온 오이다. 줄기가 굵고 잎이 크고, 열매는 굵고 짧으며 까만 가시가 많다. 강화, 평창, 홍천, 예천, 용인, 월암, 제주에서 토박이 오이가 난다. 하지만 지금은 병이나 더위에 더 잘 견디는 새 품종을 만들어 내 심기 때문에 토박이 오이는 점점 찾아보기 힘들다. 새 품종은 거의 중국 북쪽에서 기르는 오이로 만든다. 이 오이는 더위나 병에 잘 견디고 열매가 가늘고 길며 흰 가시가 있다. 남쪽에서는 취청오이, 중부 지방에서는 다다기오이를 많이 심는다. 외국에는 피클을 담는 자그마한 오이도 있다.

또 거두는 때에 따라 여름오이와 가을오이가 있다. 여름오이는 봄에 심어 여름에 먹고, 가을오이는 여름에 심어 가을에 먹는다. 여름오이가 가을오이보다 맛있다. 하지만 가을오이는 많이 거둘 수 있고 키우기가 쉽다. 여름오이로 오이지를 담고, 가을오이로 소박이김치를 담근다.

옛 책

《제민요술》에는 "오이씨를 물로 깨끗이 씻은 뒤 소금을 조금 버무려 놓으면 병에 안 걸리고 튼튼하게 큰다."라고 했다. 또 "오이씨 네 개와 콩 세 알을 함께 심으면 콩 싹이 먼저 흙을 밀고 나와 오이가 쉽게 싹 튼다. 오이가 싹 터서 잎이 두어 장 나오면 콩을 꺾는다."라고 했다. 《증보산림경제》에는 "오이는 서리 맞는 것을 두려워해서 음력 3월에 서리 기운이 없을 때라야 비로소 심을 수 있다."라고 했다. 구덩이를 파고 거름을 넣고 흙으로 덮은 뒤 오이씨를 심으면 좋고, 오이를 딸 때 발로 덩굴을 밟고 뒤집으면 오이가 시드니 조심하라고 했다. 《색경》에는 "씨를 일찍 심으면 일찍 여물지만 오이가 작고, 씨를 늦게 심으면 늦게 여물지만 오이는 크다."라고 했다.

쓰임

오이는 덜 여문 풋열매를 그냥 먹어도 시원하고 상큼하다. 여름철에 날오이를 아삭아삭 씹어 먹으면 목마름이 풀리고 속이 시원해진다. 날로 고추장이나 된장에 찍어 먹는다. 냉국을 만들어 먹으면 더운 여름에 땀이 쏙 들어간다. 얇게 썰어 샐러드를 만들거나 오이물김치나 오이소박이김치, 오이지를 담근다. 오이에는 비타민C를 깨뜨리는 효소가 있다. 그래서 다른 채소와 섞어서 갈아 먹으면 안 좋다. 누렇게 익은 오이는 '노각'이라고 한다. 노각은 껍질을 벗기고 씨를 파낸 뒤 무치거나 장아찌를 담가 먹는다. 오이에는 칼륨이 많이 들어 있어서 몸속에 있는 나트륨을 빠져나가게 한다. 그래서 짜게 먹는 우리나라 사람에게 좋다.

오이는 햇볕에 그을려 얼굴이 화끈거릴 때나 불에 데었을 때 얇게 썰거나 갈아서 붙이면 잘 낫는다. 땀띠가 났을 때 오이 즙을 발라도 좋다. 요즘에는 오이 즙으로 화장품을 만든다.

《동의보감》에는 우리말 이름을 '외'라고 하면서 "오이나 오이 덩굴을 짓찧어 즙을 내 먹으면 술을 먹고 생긴 독을 푼다."라고 했다. 하지만 몸이 차갑고 위가 약한 사람은 많이 안 먹는 게 좋다.

참외 참외, 진과, 첨과 *Cucumis melo* var. *makuwa*

2005년 6월 경기 고양

박과
씨 뿌리는 때 4월 말
모종하는 때 5월 중순
꽃 피는 때 6~7월
거두는 때 7~8월

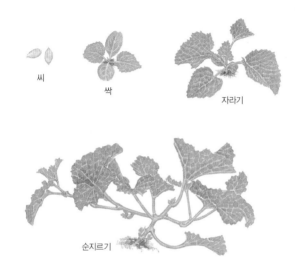

씨

싹

자라기

순지르기

1. 모종판에 씨앗을 심고 사흘쯤 지나면 싹이 튼다. 한 달쯤 지나
본잎이 두세 장 나오면 포기를 밭에 옮겨 30~50cm쯤 띄운 뒤
구덩이에 물을 듬뿍 주고 심는다.

2. 덩굴손이 뻗어 나갈 때쯤 암꽃과 수꽃이 한 그루에 핀다.
암꽃은 손자 줄기에서 핀다. 그래서 순지르기를 자주 한다.
암꽃 씨방이 자라서 열매가 된다. 열매가 땅에 안 닿게 짚을 깐다.

3. 꽃이 피고 한 달쯤 지나면 열매를 따 먹을 수 있다. 장마가 지기
전에 거둔다.

참외는 밭에 심어 기르는 한해살이 열매채소다. 사람들은 흔히 과일로 알지만 채소다. 수박과 함께 여름에 많이 먹는다. '외'는 오이라는 뜻이고, '참'은 '썩 좋다'는 뜻이다. 옛날에는 '첨과(甛瓜)'라고 했는데, '단 오이'라는 뜻이다.

참외는 아프리카 니제르 강가에서 자라던 풀이라고 짐작하고 있다. 아프리카에서 유럽 쪽으로 전해지면서 멜론이 되었고, 멜론이 인도, 중국, 우리나라를 거치면서 참외가 되었다고 한다. 이집트에서는 기원전 28~11세기부터 멜론을 심어 길렀다고 한다.

중국에서는 기원전에 펴낸 《이아》라는 책에 벌써 참외가 나온다. 우리나라에는 삼국 시대에 만주를 거쳐 들어온 것 같다. 고려 시대 약초책인 《향약구급방》(1236)에 나오며, 조선 시대 농사책에 줄곧 나온다. 《동의보감》(1613)에는 '첨과(甛瓜), 춤외'라고 한자 이름과 우리 이름이 나온다.

기르기

참외는 따뜻한 날씨를 좋아한다. 온도가 20도가 넘을 때 심는다. 씨는 25~30도일 때 싹이 잘 나고 30도 안팎에서 잘 자란다. 참외는 옮겨심기를 아주 싫어해서 모종을 옮겨 심으면 뿌리가 자리를 잡고 줄기가 나오는데 시간이 꽤 걸린다. 줄기는 덩굴을 뻗으며 자란다. 여름이 되면 참외가 달린다. 경북 성주에서 우리나라에서 나오는 참외 가운데 70~80%를 기르고 있다. 요즘에는 비닐하우스에서 키운다.

갈무리

참외는 오래 두면 겉은 멀쩡한데 속이 곯아서 못 먹는다. 그때그때 따서 먹는 것이 좋다. 덜 익은 참외는 장아찌를 담그면 오래 두고 먹을 수 있다. 《임원경제지》에는 "참외는 따서 하루 이틀 두면 맛이 좋다. 따서 너무 오래 두면 참외 속이 문드러져서 맛이 안 좋다. 여우와 까마귀는 참외를 몰래 훔쳐 먹기를 좋아한다."라고 했다.

병해충

참외는 수박처럼 덩굴쪼김병, 노균병, 흰가루병, 탄저병 같은 병에 걸린다. 또 참외가 익을 때쯤이면 들쥐나 새가 와서 참외를 갉아 먹거나 쪼아 먹는다. 또 장마철에 비가 줄곧 내리면 쉽게 썩는다. 또 가물다가 소나기가 갑자기 오면 과일이 쪼개지기도 한다. 잘 익은 참외가 터지거나 썩으면 빨리 없애야 벌레가 안 꼬인다.

품종

참외는 우리나라에서 오랫동안 길러 왔기 때문에 토박이 참외가 여럿 있었다. 허균이 지은 《도문대작》에는 "의주참외가 아주 달다."라고 나오고, 《증보산림경제》에는 "참외는 종류가 많은데 껍질과 살이 청록색인 참외, 금색 도장 무늬가 있는 참외, 개구리 무늬가 있는 참외, 크기가 작은 참외가 고급품이다."라고 했다. 1960년대까지 강서참외, 감참외, 골참외, 꿀참외, 백사고참외, 청사과참외, 성환참외(개구리참외), 줄참외, 노랑참외, 수통참외,

김치참외 같은 토박이 참외를 길렀다. 토박이 참외는 속살이 감처럼 노랗기도 하고 생김새나 무늬가 다 달랐다. 하지만 1957년 일본에서 노랑참외와 은천참외가 들어온 뒤 토박이 참외는 거의 사라졌다. 우리가 지금 먹는 노란참외는 일본에서 건너온 은천참외에서 나온 참외다. 1960년부터 은천참외에서 맛이 좋고 오래 둘 수 있는 신은천참외와 금싸라기은천참외 품종을 만들어 이제는 거의 이 품종을 심어 기른다. 토박이참외로는 개구리참외로 잘 알려진 성환참외만 겨우 심어 기르고 있다.

옛 책

《증보산림경제》에는 "황토에 심는 것이 좋고, 음력 3월에 씨앗을 소금물로 씻고 따뜻한 곳에 두었다가 거름을 준 흙에 심는다."라고 했다. 또 "덩굴이 뻗을 때 줄기만 남기고 어지러운 가지는 모두 따 버린다. 잎이 빽빽이 나도 딴다. 해가 잘 비치고 바람이 잘 통하면 열매가 많이 달리고 잘 익는다. 하지만 열매가 땅에 누우면 곧잘 썩는다."라고 했다. 《제민요술》에는 "심기 좋은 밭은 붉은 팥을 심었던 그루터기 땅이 좋고, 기장 그루터기 땅이 그다음으로 좋다."라고 했고, 《행포지》에는 "참외는 해마다 땅을 바꾸어 심어야 한다. 그렇게 하지 않으면 열매가 작다."라고 했다.

쓰임

참외는 날로 먹는다. 농약 때문에 껍질을 깎아 먹지만 농약을 안 쳤다면 껍질째 먹어야 더 좋다. 또 속살과 씨를 버리지 말고 함께 먹어야 좋다. 참외를 깍두기처럼 잘라 화채를 만들기도 하고, 된 장에 박아 장아찌를 담그기도 한다.

참외는 수박처럼 몸을 차게 한다. 그래서 더운 여름에 먹으면 너 위를 덜 탄다. 하지만 몸이 찬 사람은 많이 먹으면 배앓이를 할 수 있다. 참외는 체했을 때나 술병이 났을 때 먹으면 좋다. 참외꼭 지는 쓴맛이 나서 먹을 때는 도려내지만 약으로 쓸 수 있다. 체했 을 때 먹으면 먹은 것을 토해 내면서 낫게 한다. 살이 곪은 곳에 는 꼭지를 태운 재를 바르면 잘 낫는다고 한다.

《동의보감》에 참외는 "성질이 차다. 맛이 달고 독이 있다(독이 없 다고도 한다). 목마름을 풀고 열을 없애고 오줌이 잘 나가게 한 다. 삼초(三焦)끼리 기가 막혀 통하지 않을 때 뚫어 주고 입과 코 에 생긴 헌데를 고친다."라고 쓰여 있다. 하지만 "많이 먹으면 오래 된 냉병이 도져 배가 아프고 팔다리 힘이 없어진다."라고 했다.

또 참외꼭지도 약으로 쓴다고 나온다. "음력 7월에 참외가 익어서 저절로 떨어진 꼭지를 쓰는데, 덩굴에서부터 반 치쯤 되는 곳을 잘라 그늘에 말려 밀기울과 함께 누렇게 되도록 볶아 쓴다."라고 했다. 온몸에 부기를 빼고, 몸속 기생충을 죽이며, 황달을 고치 고, 음식을 너무 많이 먹어 체했을 때 시원하게 토하게 하거나 물 똥을 싸게 해 준다고 나온다. 물에 달여 먹는데 독이 있어서 조심 해야 한다. 참외 잎은 머리카락이 빠진 곳에 즙을 내어 바르면 좋 고, 참외 꽃은 가슴앓이와 딸꾹질을 낫게 한다고 나온다.

토마토 땅감, 일년감 *Lycopersicon esculentum*

꽃 2004년 6월 경기 양평

열매 2004년 7월 서울 마포 성산동

가지과
키 1~1.5m
씨 뿌리는 때 3월 말
모종하는 때 5월 초
꽃 피는 때 6~9월
거두는 때 7~9월

씨

싹

버팀대 세우기

꽃과 열매 맺기

1. 줄기를 많이 치니까 모종을 50cm쯤 띄워 심는다.
2. 모종을 옮겨 심고 한 달쯤 지나면 노란 꽃이 여러 송이 핀다. 이때 버팀대를 세워서 줄기를 묶어 준다. 줄기가 많으면 곁가지를 딴다.
3. 꽃이 지면 동그란 풀빛 열매가 달린다. 꽃이 피고 한 달쯤 지나면 열매를 따 먹을 수 있다. 그때그때 익은 토마토를 따 먹는다.

토마토는 밭에 심어 기르는 한해살이 열매채소다. 원래 자라던 곳에서는 여러해살이풀이지만 우리나라에서는 겨울을 못 넘기고 한 해를 산다. 토마토는 온 세계에서 사람들이 가장 많이 먹는 열매채소다.

토마토는 원래 남아메리카에 있는 안데스 산맥 태평양 쪽인 페루와 에콰도르 지역에서 자라던 풀이다. 아주 옛날 아메리카 인디언이 안데스 고원에서 중앙아메리카와 멕시코로 사는 곳을 옮기면서 함께 퍼진 것 같다. 1520년쯤에 남아메리카에 쳐들어온 스페인 사람들이 중남미에 자라던 토마토를 이탈리아로 가져갔고, 17세기에는 영국으로 퍼졌다. 유럽 사람들은 처음에는 빨갛게 익는 열매가 예뻐서 꽃밭에 심는 풀쯤으로 여기다가, 18세기에 이탈리아에서 처음으로 열매를 따 먹기 위해 심어 길렀다고 한다. 토마토가 중국에 들어간 때는 17세기쯤이라고 짐작한다. 우리나라에는 조선 시대 이수광이 펴낸 《지봉유설》(1613)에 처음으로 '남만시'라는 이름으로 나온다. 하지만 1910년 초쯤이 되어서야 밭에 심어 기르기 시작했다.

사람들은 흔히 토마토는 과일이라고 생각하지만, 사실은 채소 열매다. 토마토는 몸에서 쌉싸래한 냄새가 난다. 줄기를 툭 건드리면 냄새가 더 난다. 이 냄새를 벌레가 싫어한다. 그래서 토마토에는 벌레가 많이 안 꼬인다. 가지가 옆으로 많이 뻗어서 받침대를 세워야 쓰러지지 않는다.

기르기와 거두기

토마토는 물이 잘 빠지고, 볕이 잘 드는 밭에 심는다. 햇볕을 많이 쬐어야 열매가 달고 맛있게 여문다. 기온이 25도 안팎일 때 가장 잘 자란다. 기온이 30도가 넘거나 5도 밑으로 떨어지면 열매가 안 열린다. 또 열대에서 자라던 식물이라 서리를 맞으면 말라 죽는다.

갈무리

토마토는 다 익은 열매를 그때그때 따 먹는 것이 좋다. 조금 덜 익어 푸른빛을 띨 때 따서 익혀 먹어도 된다. 덜 익은 토마토는 냉장고에 넣으면 빨갛게 익지 않는다. 밖에 두어야 빨갛게 익는다. 통조림이나 케첩을 만들면 오래 두고 먹을 수 있다.

병해충

토마토는 한꺼번에 심한 병에 걸리지 않고, 벌레도 많이 안 꼬인다. 가끔 새가 날아와 토마토를 파먹는다. 가뭄이 오래되다 갑자기 소나기가 내리면 토마토가 터지거나 갈라지기도 한다.

가끔 걸리는 병에는 탄서병, 역병, 시들음병, 잎곰팡이병, 흰가루병, 풋마름병, 무름병 따위가 있다. 한 밭에서 줄곧 토마토를 심어 기르면 병에 더 잘 걸린다. 해마다 다른 밭으로 돌려 가며 심어야 병에 덜 걸린다. 토마토에 꼬이는 벌레로는 담배나방 애벌레, 진딧물, 굴파리, 파총채벌레 따위가 있다.

품종

토마토는 우리나라 사람들이 많이 먹던 채소가 아니고, 기르기 시작한 지도 얼마 안 되기 때문에 토박이 토마토는 거의 없다. 일찍부터 외국에서 많은 품종을 들여와 길렀다. 요즘에는 케첩이나 주스, 통조림 따위를 만드는 토마토와 사람들이 날로 먹는 토마토를 많이 심어 기른다. 날로 먹는 토마토는 생김새가 예쁘고, 껍질이 얇고, 익으면 속살이 부드럽다. 어른 주먹만 한 토마토가 많지만, 요즘에는 방울처럼 작은 방울토마토도 많이 나온다. 방울토마토는 크기나 생김새, 빛깔이 여러 가지다. 우리가 흔히 먹는 어른 주먹만 한 토마토에는 서광토마토, 영광토마토, 광수토마토, 강육토마토, 광명토마토, 풍영토마토, 선명토마토, 알찬토마토, 세계토마토 따위가 있다.

쓰임

우리나라 사람들은 토마토를 과일처럼 날로 잘 먹는다. 설탕이나 소금을 찍어 먹으면 더 맛있다. 소금을 찍어 먹거나 익혀 먹으면 영양소가 몸에 더 잘 흡수된다. 끓는 물에 토마토를 잠깐 넣었다 꺼내면 껍질이 잘 벗겨진다. 이 토마토를 으깨서 케첩이나 소스를 만든다. 토마토케첩은 새콤달콤해서 기름진 음식과 먹으면 썩 잘 어울린다. 서양에서는 토마토를 튀기거나 삶아서 먹는다. 양념으로도 많이 쓴다.

토마토를 먹으면 소화가 잘되고 변비를 낫게 한다. 살결도 고와진다. 고기나 생선을 먹을 때 토마토를 곁들이면 소화가 더 잘된다.

또 핏줄이 튼튼해지고 혈압이 내려서 고혈압인 사람에게 좋고 심장이 튼튼해진다. 또 유방암, 전립선암 같은 암에 잘 안 걸리게 돕는다. 당뇨에 걸리거나 콩팥이 아플 때 먹어도 좋다. 하지만 토마토는 오이처럼 몸을 차게 하기 때문에 위장이 약한 사람이나 몸이 찬 사람은 덜 먹는 게 좋다.

호박 남과 *Cucurbita* spp.

2012년 9월 서울 마포 성산동

박과
씨 뿌리는 때 4월 말
모종하는 때 5월 중순
꽃 피는 때 6~9월
거두는 때 7~10월

둥근애호박

애호박

단호박

주키니호박

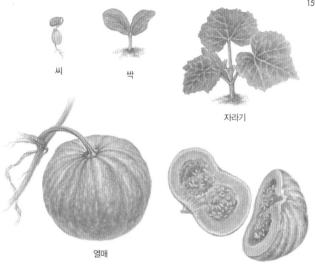

씨

싹

자라기

열매

1. 씨앗을 심은 뒤 열흘쯤 지나면 싹이 올라온다. 2주쯤 더 지나
   본잎이 두세 장 나오면 키울 것만 남기고 나머지는 뽑아낸다.
2. 씨앗을 심은 지 두 달쯤 지나면 덩굴줄기가 사방으로 뻗는다.
   줄기에서는 암꽃과 수꽃이 한 그루에 핀다. 수꽃이 먼저 피고
   일주일쯤 지나면 암꽃이 핀다. 암꽃이 꽃가루받이를 하면 열매가
   달린다.
3. 열매가 자라서 크기가 주먹만 할 때 그때그때 애호박으로 딴다.
   늦가을이면 열매가 크고 누렇게 익는다.

호박은 밭두렁이나 울타리 옆, 산비탈에 심어 기르는 한해살이 열매채소다. 늙은호박, 애호박, 단호박 같이 여러 가지가 있다. 애호박은 가지나 고추처럼 여름에 따 먹는다.

호박은 아메리카 대륙에서 자라던 풀이라고도 한다. 들판에서 스스로 자라는 호박은 멕시코와 중남미에 11종이 있다. 아메리카 사람들은 오래전부터 호박을 먹어 왔다. 16세기쯤에 유럽 사람들이 아메리카 대륙에서 호박을 가져와 기르기 시작했다. 중국에도 16세기쯤에 호박이 들어왔다. 중국 약초책인 《본초강목》 (1596)에 처음 나온다. '남과(南瓜)'라고 했는데, 중국 남쪽에서 들어왔다고 이런 이름이 붙었다. 일본에도 16세기쯤에 들어온 것으로 짐작한다.

우리나라에는 언제 들어왔는지 뚜렷하지 않다. 우리나라에는 《한정록》(1618) '치농편'에 처음 나오는데, 그 내용은 명나라 농사책에서 글을 뽑아 만들었다. 많은 사람들이 호박은 아마 임진왜란 뒤에 고추와 함께 일본에서 우리나라로 들어왔다고 짐작하고 있다. 《증보산림경제》(1766)에는 "호박은 남쪽 외국에서 왔다고 '왜과(倭瓜)'라고도 한다."라고 나온다.

기르기와 거두기

호박은 덩굴을 뻗는다. 밭두렁이나 빈터에 심으면 덩굴이 휘뚜루마뚜루 뻗으면서 커다란 잎으로 가득 뒤덮는다. 암꽃과 수꽃이 따로 피는데 꽃이 커다랗다. 암꽃 씨방이 커져 호박이 된다.

호박은 메마른 땅에서도 잘 자란다. 병도 잘 안 걸린다. 덩굴줄기가 넓게 퍼지기 때문에 그루와 그루 사이를 멀리 벌려서 심는다.

덩굴줄기 아래에 짚이나 풀을 깔아 주면 좋다. 그러면 풀도 덜 나고 땅에 닿은 열매도 안 상한다. 씨는 25~30도에서 싹이 난다. 낮에는 온도가 23~25도쯤 되고, 밤에는 13~15도쯤일 때 가장 잘 자란다. 토박이 호박은 온도가 낮거나 높아도 다 잘 자란다. 서양계 호박은 서늘한 날씨를 좋아한다.

갈무리

애호박은 반달 모양으로 얇게 썰어서 햇볕에 잘 말리면 묵나물로 오래 두고 먹을 수 있다. '호박고지'라고 한다. 볕에 말리면 영양가가 더 높아진다. 늙은 호박은 오랫동안 두어도 잘 썩지 않는다. 또 늙은 호박 껍질을 벗기고 씨앗을 다 긁어낸 뒤 뭉툭하게 썰어 말리거나 얇고 길게 깎아서 줄에 걸쳐 말려 먹는다. 《증보산림경제》는 "서리가 내린 뒤에 호박 빛깔이 누렇게 된다. 썩지 않은 것을 남겼다가 집 안에 두면 이듬해 봄까지 먹을 수 있다."라고 했다. 늙은 호박에서 긁어낸 호박씨는 잘 갈무리해 두었다가 이듬해 뿌린다.

병해충

호박은 이렇다 할 병에도 잘 안 걸리고 벌레도 잘 안 꼬인다. 가끔 호박과실파리 애벌레가 애호박을 못 쓰게 만든다. 겉으로는 멀쩡한데 갈라 보면 속에 벌레가 드글거린다. 애벌레가 속에 찬 호박은 손으로 만져 보면 물컹거린다. 가끔 새나 쥐가 잘 익은 호박을 파먹는다.

품종

우리나라에서 많이 심는 호박은 동양계 호박, 서양계 호박, 페포계 호박이 있다. 이 세 가지 호박은 잎과 열매와 씨 생김새가 다 다르다.

우리나라 토박이 호박인 동양계 호박은 여름 동안 메마른 땅에서도 잘 자란다. 덜 여문 호박을 애호박으로 먹고, 늙은 호박은 겨우내 두고두고 먹을 수 있다. 익으면 열매가 누렇다. 동양계 호박은 생김새나 쓰임새, 나는 곳에 따라 여러 가지다. 생김새에 따라 긴호박, 납작호박, 되호박, 둥근호박, 큰호박 따위가 있고, 열매 색깔에 따라 누런 호박, 청호박, 흑호박 따위가 있다. 나는 곳에 따라 동두호박, 서울마디(서울다다기)호박, 울릉호박이 있다.

서양계 호박은 우리가 흔히 '단호박', '밤호박'이라고 한다. 1920년쯤에 들어왔다. 일제 강점기때 일본 사람들이 많이 먹었다고 '왜호박'이라고도 한다. 열매가 둥글고 조그맣다. 쪄서 많이 먹는다.

페포계 호박은 1955년에 들어왔다. 다른 호박과 달리 덩굴을 거의 안 뻗고, 줄기가 뿌리에서 모여나며 곧추 자란다. 열매가 일찍 여물어 동양계 호박보다 빨리 먹을 수 있다. 애호박으로 많이 먹는다. 생김새가 길쭉한 주키니호박을 많이 기른다.

옛 책

중국 약초책인 《본초강목》에는 "호박은 모래땅으로 기름진 땅에 심는 것이 좋다. 음력 3월에 심으면 음력 4월에 싹이 나고 덩굴이 아주 무성하게 뻗는다. 누런 꽃이 피면 호박이 달린다. 아주 동그랗고 수박만 하고 물기가 있다. 맛은 참마[山藥]와 같다. 돼지고기와 함께 삶아 먹으면 좋다. 또한 꿀과 달여 먹어도 된다."라고 나온다. 《행포지》에는 밭에 심는 것보다 울타리에 심는 것이 더 좋고, 울타리 안에 심는 것보다 울타리 밖에 심는 것이 더 좋다고 했다. 또 동쪽 울타리에 심는 것보다 서쪽 울타리에 심는 것이 더 좋다고 나온다.

쓰임

호박은 달짝지근한 맛이 난다. 애호박은 찌개에 넣거나 볶거나 전을 부쳐 먹는다. 늙은 호박은 죽이나 떡을 해 먹고 약으로도 먹는다. 날로 먹지 않고, 꼭 익혀서 먹는다. 어린 호박순과 호박잎은 쪄서 쌈으로 먹는다. 울릉호박으로는 엿을 곤다. 호박씨로는 기름도 짜고 땅콩처럼 날로 까먹기도 한다. 호박씨를 까먹으면 고소하다. 호박씨를 먹으면 혈압이 낮아지고 몸속 기생충을 없애고 기침이나 천식을 낫게 한다. 아기 낳은 엄마가 먹으면 젖이 잘 나온다. 호박은 익을수록 더 달다. 호박은 소화가 잘되어서 위가 약하거나 몸이 아픈 사람이 먹으면 좋다. 몸이 부었을 때 호박을 먹으면 부기가 싹 빠진다. 아기를 낳은 엄마가 호박죽을 먹으면 아주 좋다. 당뇨병을 앓거나 몸이 뚱뚱한 사람이 먹어도 좋다.

잎줄기채소

갓 겨자, 상갓 *Brassica juncea*

잎 2013년 11월 인천 강화

십자화과
키 30~150cm
씨 뿌리는 때 8월 말~9월 중순
꽃 피는 때 3~6월
거두는 때 10월 말~12월 초

꽃 2013년 6월 인천 강화

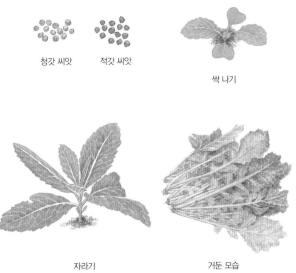

청갓 씨앗   적갓 씨앗

싹 나기

자라기   거둔 모습

1. 호미로 땅에 골을 파고 씨앗을 서너 알씩 점뿌림한 뒤 흙은 살짝 덮는다. 김장 담글 때 거둘 수 있게 알맞은 때에 씨를 뿌린다.
2. 씨를 뿌린 뒤 물을 흠뻑 주면 일주일쯤 뒤 싹이 난다. 두 주가 지나면 제법 자란다. 이때 한 번 솎아 준다.
3. 씨를 뿌린 지 두 달쯤 지나면 거둘 만큼 자란다. 갓은 서리를 맞고 기온이 영하로 내려갔다 올라갔다 해야 톡 쏘는 맛이 더 난다.

갓은 밭에 심어 기르는 두해살이 잎줄기채소다. 본디 중앙아시아
나 히말라야, 아프리카에서 자라던 풀이라 짐작하고 있다. 사람
들이 아주 오래전부터 길러 왔다. 이집트에서는 기원전 1500년에
마늘, 양파와 함께 약으로 썼다고 한다. 중국에서는 기원전 200
년 쯤에 나온 《예기》라는 책에 갓이 나온다. 또 중국에서 6세기
쯤 펴낸 농사책인 《제민요술》에 갓을 심어 가꾸는 이야기가 나
온다. 중국에서는 2000년 넘게 길러온 것이다. 일본에서는 《본초
화명》(918)이라는 약초책에 갓이 나온다. 우리나라에는 뚜렷한
기록은 없지만 중국과 일본을 보면 삼국 시대쯤부터 길렀을 것으
로 짐작한다. 갓은 한문으로 '개(芥)'라 하고, 그 씨앗은 '개자(芥
子)'라 한다. 개자가 '겨자'로 바뀌었다. 《동의보감》(1613)에는 한
자 이름으로 '개채(芥菜)', 우리 이름으로 '갓, 계ᄌ'라고 나온다.

기르기

갓은 늦여름이나 가을 들머리에 씨를 뿌려서 김장철 무렵에 거둔
다. 겨울을 나고 이듬해 봄에 거두기도 한다. 갓은 꽃이 피기 전
에 돋아나는 잎을 먹는다. 잎은 열무와 생김새가 닮았는데 열무
보다 뻣뻣하고 잎자루가 짧다. 색깔도 검은 자줏빛을 띤다. 잎에
는 까끌까끌한 털이 나 있어서 만지면 따갑다.

갓은 추위에 잘 견뎌 서늘한 곳에서 잘 자란다. 씨앗은 3~4도면
싹이 트기 시작해서 15~20도쯤일 때 잘 자란다. 갓은 봄이나 가
을에 기르는데, 김장에 넣으려고 가을에 많이 심는다. 봄에는
2~3월에 심어 5월쯤 거둔다. 가을에 거두려면 8~9월에 심어
10~12월쯤 거둔다.

갈무리

갓은 김장을 담글 때쯤 칼로 줄기를 잘라 내어 모두 거둔다. 《색경》(1676)에는 "볕에 말린 갓은 연기와 비가 들지 않는 곳에 시렁을 세우고 두면 3년이 지나도 먹을 수 있다."라고 했다. 약으로 쓸 겨자는 꼬투리가 누렇게 될 때 줄기째 베어 씨를 턴 뒤 햇볕에 잘 말린다.

병해충

갓을 한곳에서 내내 심어 기르면 좁은가슴잎벌레가 늘어난다. 또 배추좀나방 애벌레가 잎을 갉아 먹거나 진딧물이 달라붙어 즙을 빨아 먹는다.

품종

우리나라에서는 옛날부터 길러왔지만 지금은 토박이 갓을 찾아 보기 어렵다. 지금 여수에서 길러 널리 알려진 '돌산갓'은 일본에서 들어온 품종이다. 그밖에 완도에서 기르는 적갓, 충북에서 기르는 단양갓, 강원도 정선에서 기르는 여량갓, 제주도에서 기르는 갯노물, 갯노물, 진남 고흥에서 기르는 내서갓, 해남갓이 있다. 또 씨앗 색깔에 따라 '흑겨자'와 '백겨자', '황겨자(노랑갓)'가 있다. 흑겨자는 씨가 까맣거나 밤색이고, 백겨자는 허옇고, 황겨자는 노랗다. 흑겨자는 냄새가 더 세지만 매운 맛이 덜 나고 쓰다. 백겨자는 더 맵다. 《동의보감》에는 "생김새가 배추 같은데 털이 있다.

맛은 몹시 매우면서 알알하다. 잎이 큰 것이 좋다."라고 하면서 "누런 갓, 자주 갓, 하얀 갓이 있는데 누런 갓과 자주 갓은 김치를 담가 먹으면 아주 좋고, 하얀 갓은 약으로 쓴다."라고 했다.

옛 책

《규합총서》에는 "음력 팔월에 심은 것은 김장을 담고, 봄에 심은 것은 씨를 받는다. 받은 씨는 볕에 말리고 밤이면 이슬을 맞히면 즙을 내어도 쓴맛이 덜하다. 잘고 검은 씨는 심는 씨이고 누런 씨는 먹는 겨자다."라고 했다. 《증보산림경제》에는 "봄 들머리에 보리를 간 뒤 열흘 안에 심는다. 음력 5월이 되면 씨앗을 거두고, 음력 7월이 되면 다시 씨를 심는다. 남은 씨는 이듬해 봄에 다시 심는다."라고 했다.

쓰임

갓은 맛이 맵고 결이 뻣뻣해서 그냥 먹기에는 안 좋다. 하지만 김치 속에 넣어서 푹 익혀 먹으면 시원하고 매콤한 맛이 난다. 또 쪽파와 함께 갓김치를 담그기도 한다. 갓김치는 땅속에 오래도록 묻어 두었다가 겨울이 끝날 때쯤 꺼내 먹어야 제맛이 난다. 갓을 물김치에 넣으면 잎에서 색이 우러나 국물이 불그스름해 진다. 갓 김치를 담글 때 소금에 절이면 매운맛이 한결 부드러워지고, 뜨거운 물에 살짝 데치면 매운맛이 더 살아난다.

갓 씨를 '겨자'라고 한다. 갈거나 빻아서 양념으로 쓴다. 나물이나 고기나 해산물을 무치거나 뿌려 먹는다. 매콤한 맛이 비린내를 없애고 입맛을 돋운다. 우리 옛말에 "봄날에 회를 먹을 때는 파가 좋고, 가을에 회를 먹을 때는 갓이 어울린다."라고 했다.

갓과 갓 씨앗인 겨자는 약으로도 쓴다. 《동의보감》에 갓은 "성질 이 따뜻하고 맛이 맵지만 독이 없다. 콩팥에 있는 나쁜 기운을 없애고, 사람 몸에 난 아홉 구멍이 서로 잘 통하게 한다. 눈과 귀 를 밝게 하고, 기침을 멎게 하고, 기운이 치미는 것을 흩트린다. 또 속을 따뜻하게 하며, 머리에 바람이 들어 머리와 얼굴에 땀이 많이 흐르며, 머리가 아픈 병을 낫게 한다."라고 썼다.

갓 씨인 겨자는 빻아서 허리나 근육, 뼈마디, 목이 아플 때 물에 개어 붙이면 좋다. 또 겨잣가루를 뜨거운 물에 풀어 목욕을 하면 감기가 낫는다고 한다. 《동의보감》에는 "몸에 바람이 들어 몸이 굳거나, 맞거나 다쳐서 피멍이 들거나, 허리가 아프거나, 콩팥이 차갑고 가슴이 아픈 병을 낫게 한다."라고 나온다.

근대 군달, 부단초 *Beta vulgaris*

2013년 6월 경기 양수리

명아주과
키 1m
씨 뿌리는 때 4월 중순~5월 초,
8월 말~9월 초
꽃 피는 때 6월
거두는 때 6~7월, 10~11월

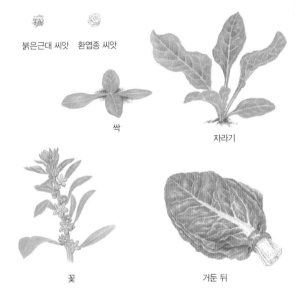

붉은근대 씨앗   환엽종 씨앗

싹

자라기

꽃

거둔 뒤

1. 씨를 한 알씩 줄뿌림한 뒤 흙을 살짝 덮고 물을 흠뻑 준다.

2. 씨를 뿌리고 한두 주 지나면 떡잎이 올라온다. 20일쯤 지나면
   본잎이 올라온다.

3. 씨 뿌린 지 한 달쯤 지나면 솎아 내며 거둔다. 그리고 남은
   근대에서 그때그때 잎을 딴다.

4. 겨울을 난 근대는 4월이 되면 다시 자라고 6월이 꽃이 핀다. 꽃이
   지고 씨가 여물면 씨를 거둔다.

근대는 밭에 심어 기르는 여러해살이 잎줄기채소다. 아무 곳에서나 잘 자라고 겨울을 나도 얼어 죽지 않는다. 근대는 유럽 남쪽에서 자라던 풀이라고 짐작하고 있다. 이탈리아 시칠리아 섬에서는 기원전 천 년쯤부터 길렀다고 한다. 그리스에서는 기원전 3~4세기에 심어 길렀다. 유럽에서 인도를 거쳐 중국으로 전해진 것 같다. 중국에서는 한나라 때 약초책인 《명의별록》에 근대가 나온다. 이때부터 근대를 심어 기른 것 같다. 지금도 중국 남쪽 지방에서 심어 기른다. 우리나라에는 언제 들어왔는지 뚜렷하지 않다. 《동의보감》(1613)에 '군달(莙薘), 근대'라고 한자 이름과 우리 이름이 나오고, 《증보산림경제》(1776)에 뿌리와 줄기를 먹는다고 나온다. 아마 이때쯤부터 심어 기른 것 같다. 일본에서는 17세기 말부터 기르기 시작했다고 한다.

근대는 밭에 심어 줄기와 잎을 잘라 먹는다. 잎이나 줄기를 잘라도 곧 다시 돋아나 한번 심으면 한 해 내내 줄곧 뜯어 먹을 수 있다. 그래서 한자로 '부단초(不斷草)'라고 한다.

기르기와 거두기

근대는 봄이나 가을에 씨를 뿌리고 한 달쯤 지나면 잎을 뜯어 먹을 수 있다. 처음에는 솎아서 먹고, 자라면서 그때그때 잎을 뜯어 먹는다. 근대는 기온이 15도를 넘어 가고 10도 밑으로 떨어지지 않으면 언제든지 심어 기를 수 있다. 빠르게 자라기 때문에 텃밭에 심으면 줄곧 잎을 따 먹을 수 있다. 더위에 견디는 힘이 강해서 시금치를 기르기 힘든 여름에도 심어 기를 수 있다. 추위도 잘 견뎌서 겨울에도 얼어 죽지 않고 겨울을 난다.

갈무리

근대는 솎아 낼 때 거두거나, 그때그때 잎을 따거나, 나중에 한꺼번에 거둔다. 딴 잎은 바로 음식을 해 먹는다. 오래 두고 먹으려면 잎이 마르지 않도록 신문지나 비닐봉지에 싸서 서늘한 곳에 잘 둔다.

씨는 겨울을 나고 이듬해 꽃이 피면 받는다. 《임원경제지》에는 "만일 씨를 받으려면 다 먹지 않고 그루를 남겼다가 땅이 얼 때 파내 따뜻한 곳에 둔다. 이듬해 봄이 되어 따뜻해지면 옮겨 심어 씨를 받는다."라고 나온다.

병해충

근대는 별다른 병에 잘 걸리지 않고 벌레도 잘 안 꼬인다. 가끔 모자이크병에 걸린다. 이 병에 걸리면 잎이 누렇게 마르고, 얼룩무늬가 생긴다. 모자이크병은 진딧물이 옮긴다. 진딧물이 안 꼬이게 돌봐야 한다. 오이처럼 진딧물이 잘 꼬이는 채소와 멀리 떨어뜨려 심는다.

품종

근대는 잎 생김새에 따라서 잎이 넓은 근대, 잎이 동그란 근대, 잎 끝이 뾰족한 근대가 있다. 또 잎이 빨간 근대도 있다. 잎이 빨간 근대는 날씨가 추워지면 잎과 줄기가 빨개진다. 잎이 넓은 근대는 잎이 얇고 부드럽다. 잎자루가 하얗고 짧고 넓다. 잎이 동그란 근대는 잎이 두텁고, 잎자루는 하얀데 잎이 넓은 근대보다 길다.

옛 책

중국 농사책인 《농상집요》에는 "근대는 이랑을 만들어 씨를 뿌리는데 무 심는 방법과 같다. 음력 2월에 씨를 뿌리고 음력 4월에 옮겨 심는다. 다른 채소가 시들어 갈 때 먹는다."라고 나온다. 《임원경제지》에는 "근대는 아무 때라도 씨를 뿌리면 잘 자라므로 사철 먹을 수 있다."라고 했다.

쓰임

근대는 된장을 풀어 국을 끓여 먹고, 데쳐서 나물로 무쳐 먹는다. 옛날부터 위와 장을 튼튼하게 해 준다고 알려졌다. 또 비타민이 많아서 살결이 거칠거나 밤눈이 어두운 사람한테 좋다. 어린아이가 먹으면 키도 잘 큰다. 소화가 잘 안 돼서 입맛이 없는 사람이나 봄에 졸음이 잘 오는 사람이 먹으면 좋다. 또 잘 토하거나 욕지기질을 할 때나 체하거나 물똥을 쌀 때 먹으면 좋다. 머리에 비듬이 많은 사람이 먹어도 좋다.

뿌리와 씨는 약으로 쓴다. 뿌리를 먹으면 오줌을 시원하게 누고, 씨를 달여 먹으면 몸에 땀이 나면서 열이 내린다. 잎을 짓찧어서 불에 덴 곳이나 멍이 든 곳에 붙이면 좋다.

《동의보감》에는 "성질이 차지도 덥지도 않고 독이 조금 있다. 비장과 위장을 튼튼하게 만들고 기를 내린다. 머리가 어지럽고 아픈 것을 낫게 하고, 오장을 편안하게 해 준다. 하지만 많이 먹으면 배가 아프다."라고 나온다. 근대는 시금치처럼 많이 먹으면 콩팥에 돌이 생길 수 있다. 하지만 근대를 씻을 때 잘 치대고 푹 삶으면 크게 문제가 되지 않는다. 《증보산림경제》에는 "줄기를 태워 잿물을 내린 뒤 그 물에 옷을 빨면 백옥처럼 하얘진다."라고 했다.

미나리 돌미나리, 멧미나리, 불미나리, 근채 *Oenanthe stolonifera*

2012년 7월 인천 강화

산형과
키 50cm
모종하는 때 9월 중순~말
꽃 피는 때 6~8월
거두는 때 이듬해 12월~3월

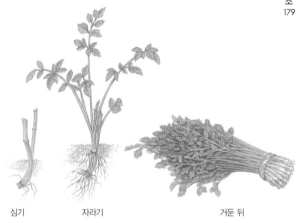

심기   자라기   거둔 뒤

1. 약간 그늘이 지면서 물이 고여 늘 축축한 곳에 심는다. 뭉치로
   자라는 미나리를 뿌리째 뽑아 하나씩 하나씩 옮겨 심는다. 모종
   뿌리가 뜨지 않게 모내기하듯이 손으로 꽂아 둔다. 미나리는 곧장
   내리쬐는 뜨거운 햇살을 싫어한다. 봄에 심을 때는 그늘이 지거나
   해가 빨리 지는 곳을 골라 심는다.
2. 미나리는 이미 자라고 있는 모종을 옮겨 심어서 빨리 잘 자란다.
3. 봄에는 위로 자라고, 여름에는 바닥으로 줄기를 뻗어 여러 포기로
   퍼진다. 햇살이 센 여름에는 줄기가 억세다. 가을에는 다시 위로
   줄기가 뻗어 올라온다. 봄이나 가을에 거둔다.

미나리는 개울가나 도랑가처럼 물기 많은 곳에서 자라는 여러해
살이 잎줄기채소다. 우물가나 논에 심어 기르기도 한다. 축축한
산기슭이나 맑은 도랑가에서 저절로 자라면 돌미나리라고 한다.
미나리는 원래 인도차이나에서 자라던 풀이다. 우리나라, 중국,
일본, 인도네시아 같은 아시아와 오세아니아에서 자란다. 중국에
서는 기원전 11세기부터 6세기까지 읊던 시를 모아 펴낸 《시경》
이라는 책에 미나리가 나온다. 이것으로 보아 아주 오래전부터
길러온 것 같다. 우리나라에서는 《고려사》에 미나리 밭인 '근전
(芹田)'이 나오고, 미나리김치를 종묘 제사상에 올렸다는 기록이
있는 것으로 봐서 고려 때 이미 길러 먹었을 것이다. 신라 때 사람
인 최치원이 미나리를 말하기도 해서 삼국 시대 때부터 길러 먹
었다고도 한다. 우리나라에서 맨 처음 나온 국어사전인 《훈몽자
회》(1527)에 '미나리'라는 한글 이름이 처음 나온다. 미나리는 '물
에서 자라는 나리'라는 뜻이다. 《동의보감》(1613)에도 '수근(水
芹), 미나리'라고 나온다.
옛사람들은 나무 가운데 으뜸은 소나무이고, 채소 가운데 으뜸
은 미나리라고 했다. 미나리는 더러운 진흙탕에서도 깨끗하게 자라
고, 햇볕이 잘 들지 않는 그늘에서도 잘 자라며, 가뭄에도 죽지
않고 늘 푸르게 자라기 때문에 세 가지 덕을 가졌다고 했다.

기르기와 거두기

미나리는 물을 댄 논이나 도랑에서 기른다. 가을에 미나리를 적
당히 잘라서 논에 흩어 놓으면 겨울 동안 새순이 돋아난다. 이렇
게 미나리를 기르는 논을 '미나리꽝'이라고 한다. 가을에 심어

12~3월 사이에 거둔다. 미나리는 추위를 잘 견뎌서 얼음이 덮인 물에서도 얼어 죽지 않는다. 겨우내 기른 미나리를 정월 대보름 쯤 뜯어 먹기 시작해서 못자리할 때까지 뜯어 나물로 먹는다. 단오를 넘기면 억세져서 맛이 없다. 봄에 심어 여름이 오기 전에 거두기도 한다. 뿌리줄기를 심기 때문에 잘 자란다. 그때그때 거두어 먹어도 된다. 전라북도와 경상남도로 많이 기른다.

갈무리

미나리는 물에 들어가 줄기를 낫으로 베어 거둔다. 미나리꽝에는 거머리가 많아서, 미나리를 거둘 때 미나리에 섞여 오는 때가 있다. 옛날에는 미나리를 물에 담그고 놋수저나 놋그릇을 담그면 거머리가 빠져나온다고 했다.

병해충

미나리는 벌레가 거의 안 꼬이고 병에도 잘 안 걸린다. 하지만 뿌리가 너무 많이 뻗으면 줄기가 약해진다. 가끔씩 뿌리를 솎아 낸다. 고마리나 사마귀풀 같은 풀은 미나리꽝에 잘 자란다. 그때그때 뽑아 준다.

품종

미나리는 곧추 자라는 미나리와 땅으로 기는 미나리가 있다. 거의 곧추 자라는 미나리를 기른다. 또 물에서 자라는 물미나리와 땅에서 나는 돌미나리(멧미나리)가 있다. 돌미나리는 물미나리보다 줄기가 억세고 키가 짧지만 냄새가 더 좋다. 《해동농서》(1798)에도 "미나리는 물미나리와 밭미나리가 있다. 물미나리는 물가에서 자라고 밭미나리는 땅에서 자란다."라고 나온다. 하지만 물미나리와 밭미나리는 자라는 곳만 다를 뿐 같은 종이다.

미나리와 아주 닮은 독미나리도 있다. 미나리처럼 물기가 많은 곳에 살아서 헷갈린다. 미나리는 대부분 키가 50cm 안팎인데, 독미나리는 키가 1m가 넘게 큰다. 독미나리 뿌리를 먹으면 어지럽고, 먹은 것을 게우고, 몸을 떨게 된다. 함부로 먹지 않도록 조심해야 한다.

옛 책

《증보산림경제》에는 "집 가까운 더러운 못에 심는 것이 좋다. 또 물이 많은 논을 골라 음력 2월에 거름 주고 미나리를 심는다. 촘촘하게 심고 곁가지가 뻗지 못하게 한다. 음력 7~8월 사이에 뿌리를 뽑아서 다시 심는다. 잎이 나오면 겨울 김치를 담근다. 대개 물미나리는 밭미나리만 못하다."라고 나온다. 《제민요술》에는 "미나리는 뿌리를 캐다가 이랑에 심고 늘 물을 듬뿍 주어야 한다. 하지만 쌀뜨물과 소금물을 싫어해서 이 물을 부으면 죽는다. 쉽게 우거지고 맛이 달고 연하기 때문에 들에서 자란 것보다 훨씬 낫다."라고 했다.

쓰임

미나리는 봄에 즐겨 먹는 나물이다. 겨우내 자란 미나리는 아삭아삭하고 독특한 냄새가 난다. 봄에 나온 미나리를 날로 초고추장에 찍어 먹으면 아삭하고 달콤하다. 연한 줄기와 잎은 쌈을 싸 먹어도 좋다. 미나리만 데쳐서 나물로 무치기도 하고, 부침개를 부쳐 먹기도 한다. 볶거나 전을 부쳐 먹어도 맛있고, 생선회에 곁들이거나 매운탕에 넣으면 비린내가 사라지고 국물 맛이 시원해진다. 즙을 짜 먹거나 김치에 양념으로도 넣는다. 돼지고기를 삶아 얇게 썬 뒤 미나리를 감아 초고추장에 찍어 먹어도 맛있다.

미나리는 약으로도 쓴다. 혈압을 떨어뜨리는 힘이 있어서 고혈압 환자에게 좋고 심장병이나 류머티즘, 신경통에도 좋다. 피를 잘 돌게 해서 어지럼증이 낫는다. 또 밥맛을 돋우고, 똥도 잘 나오게 돕고, 감기도 낫는다고 한다. 땀띠가 심할 때 즙을 바르면 잘 낫는다.

《동의보감》에는 "성질이 차지도 덥지도 않다(차다고도 한다). 맛이 달고 독이 없다. 목마름을 풀고 정신을 맑게 한다. 기운을 보태고 살찌고 튼튼하게 한다. 술을 먹은 뒤 머리가 아프고 몸에 두드러기가 나는 열독을 고치고, 똥오줌이 시원하게 잘 나오게 한다. 여자들 아기집에서 피가 나거나 냉대하가 나올 때, 어린아이가 갑자기 열이 심하게 날 때 먹으면 잘 낫는다."라고 했다. 또 "김치와 겉절이를 만들어 먹는다. 삶아서 먹기도 하고 날것으로 먹어도 좋다. 다섯 가지 황달을 고친다."라고 나온다.

미나리는 물을 깨끗하게 거르는 힘이 세다. 더러운 물에서도 잘 자라며 물을 맑게 한다.

배추 백채, 배채, 숭채 *Brassica campestris* ssp. *pekinesis*

2012년 11월 인천 강화

십자화과
키 1m
씨 뿌리는 때 8월 초 ~ 중순
모종하는 때 9월 초
꽃 피는 때 4월
거두는 때 11월 중순

씨 　　　싹 　　　자라기_열흘 　　　자라기_한 달

자라기_두 달 　　　묶어 주기 　　　꽃

1. 밭에 30~40cm 띄워서 줄뿌림한다.

2. 씨앗을 뿌리고 대엿새쯤 지나면 싹이 올라온다. 닷새쯤 더 지나면
   본잎이 나온다.

3. 씨앗을 뿌린 지 한 달쯤 지나면 뿌리에서 잎이 여러 장 나온다.
   이때쯤 포기들을 솎아 낸다. 두 달쯤 지나면 배추통이 차오른다.

4. 씨앗을 뿌리고 석 달쯤 지나면 통이 커진다. 이때 포기를 묶으면
   속이 차고 배추가 얼지 않는다.

배추는 밭에 심어 기르는 두해살이 잎줄기채소다. 뿌리에서 곧장 난 잎을 먹는다. 배추는 우리나라 사람들이 가장 많이 먹는 채소다. 중국 북쪽 지방에서 키우던 순무와 중국 남쪽 지방에서 키우던 청경채가 중국 북쪽 지방인 양주에서 자연스레 섞여 배추가 되었다. 이때 배추는 지금과 달리 속이 안 차는 배추였다. 그 뒤로 이 배추를 줄곧 심고 가꾸면서 생김새가 점점 바뀌어 16세기에 속이 반쯤 차는 배추, 18세기에는 속이 꽉 차는 배추가 나왔다. 중국에서 6세기에 펴낸《제민요술》에 "배추와 무를 가꾸는 방법은 순무와 같다."라고 했다. 5~6세기인 남북조 시대에 남쪽에서 이미 배추를 심었고, 7~10세기에는 북쪽 지방에서도 길렀다고 한다. 중국에서는 겨울에도 시들지 않고 소나무처럼 푸르다는 뜻으로 '숭(崧)'이라고 했다. 또 배추 줄기가 하얗다고 '바이채(白菜)'라고 했는데, 이 말이 바뀌어서 '배추'가 되었다고 한다. 중국 기록을 봐서는 우리나라에서는 삼국 시대부터 기른 것 같지만 책이나 기록에는 안 나오고, 13세기쯤 고려 때 펴낸《향약구급방》에 배추를 뜻하는 '숭(菘)'이 처음으로 나온다. 그 뒤《훈몽자회》(1527)에 중국에서 들어오는 물품 가운데 배추 씨가 있다고 나온다. 《동의보감》(1613)에는 '비치'라는 우리 이름이 나온다. 그 뒤로 펴낸《색경》(1676),《증보산림경제》(1766),《임원경제지》(1842) 같은 농사책에 줄곧 나온다.

기르기와 거두기

배추는 봄에도 심고, 가을에도 심어 먹는다. 우리나라 사람들은 늘 겨울에 김장을 담그기 때문에 가을배추를 가장 많이 심는다. 서늘한 날씨에 잘 자라서 여름에 씨를 뿌리고 김장철인 늦가을이나 겨울 들머리에 뽑는다. 포기 속이 80%쯤 찼을 때 거둔다. 봄여름에는 씨앗을 뿌린 뒤 30~40일쯤 지나 거둔다. 18~21도에서 가장 잘 자란다. 10도 밑으로 떨어지면 더디게 자라고 5도 밑으로 떨어지면 안 자란다. 또 거꾸로 23도 위로 올라가면 더디게 자라고 병에 잘 걸린다.

갈무리

배추는 물이 많이 들어 있어서 그냥 두면 썩는다. 서늘하고 바람이 잘 통하는 곳에 신문지로 싸 두면 한두 달은 먹을 수 있다. 김장 배추는 물이 안 고이는 땅을 파고 볏짚이나 신문지를 서너 겹깐 뒤 묻으면 겨울에도 싱싱한 배추를 먹을 수 있다. 땅에 묻을 때는 겉잎과 뿌리를 떼어 내지 않는다. 배추를 안 뽑고 그대로 두면 시든 채로 겨울을 나고, 4월쯤에 꽃대가 올라와 노란 꽃이 피고 꼬투리가 여문다. 이때 씨를 받는다.

병해충

배추는 잎이 부드러워 잎벌레, 섬서구메뚜기, 배추흰나비 애벌레, 민달팽이, 배추순나방 벌레, 진딧물, 벼룩벌레 따위가 잎을 갈아 먹고 즙을 빨아 먹는다. 한 밭에서 여러 해 동안 배추를 심으면 벌레가 더 많이 꼬인다. 또 배추 포기 아래 흙이 닿는 곳이 썩는 무름병, 잎에 거무스름한 밤색 반점이 생기는 노균병, 뿌리에 혹이 생기는 무사마귀병에 잘 걸린다.

품종

옛날 배추는 속이 안 차고 잎이 벌어지는 배추였다. 조선 중기까지는 속이 차는 배추가 없었다. 통이 찬 것을 '결구배추', 통이 차지 않는 배추는 '비결구배추'라고 한다. 외국 품종이 들어오기 전까지는 개성배추와 서울배추 밖에 없었다. 1906년에 '개성배추'라는 품종 이름이 처음 나왔고, 개성배추를 서울에서 기르면서 서울배추가 되었다. 개성배추나 서울배추는 모두 속이 안 차는 배추다. 그밖에 토박이 배추로는 울산배추, 의성배추, 제주엇갈이배추 따위가 있다. 1900년쯤부터 일본과 중국에서 속이 차는 결구배추가 들어왔다. 또 배추는 한 해 두 번 키워 먹는데, 봄배추와 가을배추가 있다. 날씨가 따뜻한 남쪽에서는 늦가을이나 겨울 들머리에 심어 이른 봄에 먹는 얼갈이배추, 봄동도 있다.

옛 책

《증보산림경제》(1766)에는 "기름지고 축축한 땅에 심는 것이 좋다. 음력 2월 초에 씨앗을 흩뿌리면 음력 3월 중순에 먹을 수 있다. 음력 5월 초에 씨앗을 흩뿌리면 음력 6월 중순에 먹을 수 있다. 씨를 뿌린 뒤 거름재로 덮고 물을 자주 준다. 가을에 심으려면 추석이 지나고 심는 것이 좋다."라고 나온다. 또 "씨앗으로 기름을 짜서 머리에 바르면 머리카락이 나고, 칼에 바르면 녹이 안 슨다."라고 했다.

쓰임

배추는 거의 김치를 담근다. 배춧잎으로 국을 끓이거나 전을 부쳐 먹기도 하고, 쌈으로도 먹는다. 배춧잎을 말려 시래기도 만든다. 배추 뿌리도 깎아 먹으면 아삭하고 달다.

배추는 알칼리성 식품으로 비타민C와 칼슘이 많다. 소화가 잘 되게 돕고, 똥이 굳어 안 나오는 변비에도 좋다. 또 치질을 낫게 하며 대장암이 안 생기도록 돕는다. 배추는 서늘한 기운이 있다. 몸이 차고 소화가 잘 안 되고, 자주 물똥을 싸는 사람은 날로 안 먹는 게 좋다. 이런 때에는 생강, 마늘, 고추, 파 같은 맵고 따뜻한 양념을 넣으면 배추가 가진 차가운 성질을 누그러뜨린다.

《동의보감》에는 "성질이 차지도 덥지도 않다(서늘하다고도 한다). 맛은 달고 독이 없다(독이 조금 있다고도 한다). 음식이 잘 소화되도록 돕고 기를 내리며 장과 위를 잘 통하게 한다. 또한 가슴 속에 있는 열기를 없앤다. 술 마신 뒤에 생기는 목마름을 풀어 준다. 채소 가운데서 배추를 가장 많이 먹는다. 하지만 많이 먹으면 냉병이 생기는데 이때는 생강으로 풀어야 한다."라고 나온다.

양배추 *Brassica oleracea* var. *capitata*

2012년 7월 인천 강화

십자화과
씨 뿌리는 때 2월 말~3월 초, 7월
꽃 피는 때 5~6월
거두는 때 7월, 11월

양배추는 밭에 심어 기르는 한해살이 잎줄기채소다. 원래 지중해 동쪽 지방과 아시아에서 자라던 풀이었다. 기원전 6세기 무렵부터 기르기 시작했다. 중국에서는 《본초강목》(1578)에 나오고, 일본에서는 1700년쯤에 양배추가 알려졌지만 우리나라에는 1884년에야 들어왔다. 서양에서 온 배추라고 양배추이다. 요즘에 많이 먹는 케일, 브로콜리, 콜라비도 양배추 종류다.

양배추는 봄에 심어서 여름에 거두는 봄 양배추가 있고, 여름에 씨앗을 뿌려 가을에 거두는 가을 양배추가 있다. 제주도에서는 가을에 씨를 뿌려 겨울을 나고 봄에 거둔다. 서늘한 날씨에서 잘 자라고, 겨울에도 얼어 죽지 않는다. 배추와 달리 잎이 자라면서 빽빽하게 겹쳐서 공처럼 둥글게 뭉친다. 겉잎은 푸르스름한 풀빛이고 속잎은 흰색에 가까운 연한 풀빛이다. 잎이 자주색인 것도 있다. 손으로 눌러 봐서 단단하게 여물었으면 베어 먹는다. 베지 않고 그대로 두면 잎이 다시 벌어지고 꽃대가 올라온다.

양배추는 날로 먹거나 숭숭 썰어서 무치거나 김치를 담가 먹는다. 또 찌거나 삶아서 쌈을 싸 먹기도 한다. 익혀 먹는 것보다 날로 그냥 먹어야 몸에 더 좋다. 양배추는 위를 튼튼하게 만든다. 위나 장이 헐어서 아픈 사람에게 좋다. 입안이 헐었을 때도 즙을 짜서 물에 섞어 마시면 좋다. 퍼런 잎에는 비타민 A가 많고, 허연 잎에는 비타민 B와 C가 많다. 퍼런 잎이라고 떼어 내지 말고 다 먹어야 좋다.

부추 솔, 졸, 쫄, 정구지 *Allium tuberosum*

2012년 8월 서울 마포 성산동

백합과
키 30cm
씨 뿌리는 때 4월
모종 심는 때 6월 중순~7월 초
꽃 피는 때 7~8월
거두는 때 4월 중순~11월 초

씨

싹

모종 심기

자라기

거둔 뒤

1. 씨는 포기 사이를 1cm, 줄 간격을 5cm쯤 띄워 뿌린다. 흙을 살짝 덮고 물을 많이 준다.

2. 씨를 뿌리고 두세 달 지나면 15cm쯤 자란다. 이때 캐서 본밭에 옮겨 심는다. 부추는 한 번 심으면 몇 해를 자라기 때문에 밑거름을 넉넉히 준다.

3. 아주 심고 두 달쯤 지나면 한 번 잘라 준다. 두 번째 자랄 때부터 거두어 먹는 것이 좋다. 20cm쯤 자란 부추를 거둔다. 부추 줄기를 바짝 자르지 말고, 1cm쯤 남겨 두고 그 위를 자른다.

4. 겨울이 되면 볏짚이나 왕겨를 두텁게 덮어 준다.

부추는 논둑이나 밭에 심어 기르는 여러해살이 잎줄기채소다. 그 때그때 베어 먹기 쉽도록 뒤뜰에다 심기도 한다. 밭에 심어 놓으면 포기가 많이 불어나서 큰 포기를 이룬다. 따로 거름을 안 줘도 쑥쑥 잘 자란다. 또 뿌리만 남겨 두고 잎을 싹둑 잘라 먹어도 곧 새잎이 돋아난다. 한 번 심으면 해마다 심지 않아도 여러 해를 잘 자라서 게으른 사람이 가꾸는 채소라고 한다.

부추는 본디 중국 서북부 지역에서 자라던 풀이다. 우리나라, 일본, 중국, 인도, 네팔에서 자라는데 중국, 우리나라, 일본에서만 먹는다. 서양에서는 기르지도 않고 안 먹는다.

부추는 기원전 11세기에서 6세기 때 시를 모은 책인 《시경》에 이미 제사 음식에 썼다고 나온다. 그러니 중국에서는 아주 오래전부터 부추를 먹어왔던 것 같다. 6세기에 펴낸 농사책인 《제민요술》에 부추 가꾸는 방법이 나온다. 일본에서는 1세기쯤에 펴낸 《신선자경》이라는 책에 나온다. 우리나라에서는 아주 오래전부터 먹어왔을 것으로 짐작하지만, 책에는 고려 때 펴낸 《향약구급방》(1236)에 처음 나온다. 그 뒤로 세종 때 펴낸 《향약집성방》(1433)과 선조 때 펴낸 《동의보감》(1613)에도 나온다. 그 뒤 《한정록》(1618), 《증보산림경제》(1766), 《임원경제지》(1842) 같은 농사책에도 나온다. 부추는 유난히 이름이 많다. 전라도에서는 '솔', 충청도에서는 '졸', 경상도에서는 '정구지'라고 한다. '소풀'이나 '부채'라고 하는 곳도 있다.

기르기와 거두기

부추는 한 번 심으면 서너 해를 줄곧 거두어 먹을 수 있다. 봄에 다른 채소가 안 자랄 때도 쑥쑥 잘 자란다. 한여름이 되면 꽃대를 세워 하얀 꽃이 피고, 겨울이 되면 푸릇푸릇 돋은 채로 겨울잠을 자고 다시 이듬해 봄에 자란다. 부추는 아무 밭에서나 잘 자라지만, 물이 잘 빠지는 밭이 좋다. 봄에 햇빛이 잘 비치는 밭에 기르면 빨리 거둘 수 있다. 기르기 알맞은 온도는 18~20도이다. 기온이 5도 밑으로 떨어지면 자라지 않고, 25도 위로 올라가도 더디게 자란다. 요즘에는 포항에서 가장 많이 기른다.

갈무리

부추는 거두어 놓으면 쉽게 짓무른다. 그러니 오래 두기보다 그때그때 거둬서 빨리 먹는 것이 좋다.

병해충

부추는 크게 병에 걸리지 않고 벌레도 안 꼬인다. 하지만 둘레에 돋아나는 풀을 잘 뽑아 주어야 한다. 쑥, 명아주, 비름, 바랭이, 별꽃, 망초 따위가 많이 난다. 풀에 부추가 묻히면 잘 자라지 않는다.

품종

우리나라에는 오래전부터 길러왔기 때문에 토박이 부추가 많이 있다. 하지만 얼마나 많은 토박이 부추가 있는지는 아직 꼼꼼히 밝혀내지 못했다. 경상북도에서 알아낸 토박이 부추로는 영양부추가 가장 널리 알려졌다. 그리고 경산, 영산, 밀양, 예천, 청송,

문경, 영일, 영덕, 청도, 안동, 울릉도 같은 곳에서도 토박이 부추가 있다. 토박이 부추는 잎이 가늘고 아삭한 맛이 더 좋다.

우리나라에 부추와 닮은 풀도 자란다. 산부추(*A. thunbergii*), 참산부추(*A. sacculiferum*), 두메부추(*A. senescens*), 한라부추(*A. cyaneum*) 따위가 있다. 이 풀도 비늘줄기와 연한 잎을 먹는다.

옛 책

중국 농사책인 《제민요술》에는 "음력 2월과 7월에 씨를 뿌린다. 씨를 뿌릴 때는 대접을 땅에 엎어서 동그라미를 만들고 그 둘레를 따라 안쪽으로 씨를 뿌린다."라고 했다. 또 심은 첫해에는 한 번만 거두고, 한 해에 다섯 번 이상 베지 않아야 좋다고 한다. 《증보산림경제》에는 "음력 2월에 씨앗을 흩어 뿌리고, 음력 9월에 갈라 심으며, 음력 10월에 볏짚 태운 재를 3치가량 덮어 준다."라고 하면서 "부추는 여러 해 자라면 뿌리가 서로 얽혀 잘 자라지 않는다. 이때는 음력 8월에 따로 이랑을 만들어 갈라 심는다."라고 나온다. 또 사람들은 "봄 부추와 여름 배추를 으뜸 채소로 여긴다."라고 했다.

쓰임

부추는 여름에 많이 먹는다. 여름내 몇 번이고 잘라 먹을 수 있다. 날로 무쳐 먹기도 하고 부침개를 부쳐 먹는다. 또 오이소박이나 김치에 넣으면 맛이 한결 좋아지고, 부추만으로 김치를 담가 먹는다. 고추장에 박아서 장아찌를 담가 먹기도 한다. 부추를 자주 먹으면 여름에 배앓이를 덜 한다.

부추는 맛이 알싸하고 상큼하고 아삭하다. 비타민이 많고 칼슘과 철 같은 영양소도 많이 들어 있다. 매콤한 맛이 나는 '알리신'이 들어 있어서 피가 잘 돌게 하고 몸을 따뜻하게 한다. 부추는 반찬으로 먹어도 좋지만 옛날에는 약으로 썼다. 부추를 자주 먹으면 감기에 잘 안 걸린다. 배가 차고 자주 아프거나 물똥을 자주쌀 때 먹으면 좋다. 또 중풍에 안 걸리도록 돕고 위가 튼튼해지고, 살결도 고와진다. 피를 잘 돌게 해서 빈혈이나 생리통에도 좋다. 몸을 튼튼하게 만든다고 옛날에는 '기양초(起陽草)'라고도 했다. 감기나 물똥을 쌀 때 부추로 죽을 쑤어 먹으면 좋다. 멍이 들거나 동상에 걸렸을 때는 부추 즙을 바르면 좋다. 부추 씨는 위장약으로도 쓴다.

《동의보감》에는 '구채(韭菜)', '부치'라고 나온다. "성질이 따뜻하다(뜨겁다고도 한다). 맛이 매우면서 조금 시고 독이 없다. 약 기운이 심장으로 들어가는데 오장을 편안하게 하고, 위 속에 있는 열을 없애고, 허약한 몸을 튼튼하게 만들고, 허리와 무릎을 덥게한다. 가슴이 그득하고 답답한 병도 낫게 한다. 또 가슴 속에 있는 나쁜 피와 체한 것을 없애고 간이 튼튼해지도록 돕는다."라고나온다. 또 채소 가운데 성질이 가장 따뜻하고 사람에게 이롭기때문에 늘 먹으면 좋다며 즙을 내어 먹거나 김치를 담가 먹어도다 좋다고 했다.

상추 부리, 부루, 상치, 생추 *Lactuca sativa*

2005년 8월 전북 변산

국화과
키 90~120cm
씨 뿌리는 때 3월 말, 8월 말
모종하는 때 4월 말, 9월 초
꽃 피는 때 여름
거두는 때 5월 중순~7월 초,
9월 중순~11월 초

씨   싹

자라기

잎 딸 때

상추 뜯기

상추 잎

1. 1cm쯤 띄워서 씨앗 한 알씩 줄뿌림한다. 씨앗을 뿌리고 일주일쯤
   지나면 싹이 올라온다. 모종은 어른 손 한 뼘쯤 띄워서 심는다.
2. 싹이 나고 열흘쯤 더 지나면 떡잎 사이로 본잎이 올라온다.
3. 싹이 난 지 한 달이 지나면 잎이 여러 장 나온다. 이때부터 줄기가
   올라오기 전까지 아래쪽 잎부터 그때그때 뜯어 먹는다.

상추는 잎줄기를 먹으려고 밭이나 뜰에 심어 기르는 한해살이 잎줄기채소다. 기원전 6세기에 페르시아 사람들이 길러 먹었다고 한다. 우리나라에서는 오래전부터 중국에서 상추가 들어와 길렀을 것으로 보이지만, 언제 들어왔는지는 뚜렷하지 않다. 고려 때 펴낸 《향약구급방》(1236)에 처음 나온다. 이때는 상추를 '와거(萵苣)'라고 했다. 또 청나라 때 책인 《천록식여》에는 "고려 상추가 아주 좋아서, 고려 사신이 가져온 상추 씨앗은 천금을 주어야만 얻을 수 있다고 천금채(千金菜)라고 한다."라고 나온다. 아마도 고려 이전부터 기른 것 같다. 《동의보감》에는 우리 이름으로는 '부루'라고 나온다. 예전에 기르던 상추는 속이 안 차는 줄기상추였다. 1890년쯤에 일본에서 잎상추가 들어왔고, 1960년쯤에 미국에서 속이 차는 양상추가 들어왔다.

기르기와 거두기

상추는 보통 봄에 모종을 사다가 심거나 씨앗을 바로 뿌려 여름 들머리까지 잎을 뜯어 먹는다. 장마가 지면 잎이 물크러진다. 또 7월쯤 되면 줄기가 올라오고 꽃이 피는데, 그러면 상추가 뻣뻣해져서 못 먹는다. 요즘은 비닐 온실에서 일 년 내내 길러서 제철이 따로 없다. 상추나 쑥갓은 집에서 기르기 쉽다. 화분에다 몇 포기만 심어 두어도 여름 들머리까지 뜯어 먹을 수 있다. 물만 잘 주면 병도 잘 안 걸리고 벌레도 안 먹어서 어린이들도 쉽게 기를 수 있다. 서늘한 날씨에서 잘 자라기 때문에 우리나라에서는 봄가을에 많이 기른다. 알맞은 온도는 15~20도. 온도가 높아지면 꽃대가 올라오고, 잎에 쓴맛이 더 돌고, 여러 가지 병에 잘 걸린다.

거둘 때에는 바깥쪽부터 한 잎 한 잎 뜯는다. 또 줄기가 조금씩 올라오면 줄기 아래쪽 붙은 잎부터 바짝 따 준다. 잎을 자주 안 뜯으면 꽃대가 더 빨리 올라온다.

갈무리

상추 잎은 따면 그때그때 바로 먹는 것이 좋다. 오래 두면 쉽게 물 크러진다. 신문지로 싸서 서늘한 곳에 두면 제법 오래 두고 먹을 수 있다. 7월에 꽃이 피고 씨앗이 여문다. 이때 씨를 받는다.

병해충

상추는 별다른 병치레를 하지 않는다. 가끔 진딧물이 들러붙는 다. 또 거세미나방 애벌레는 땅속에 살면서 상추 모종 밑동을 잘 라 버린다. 잘린 밑동을 뿌리째 뽑아 흙을 뒤적이면 거세미나방 애벌레를 잡을 수 있다.

품종

상추는 속이 차는 결구상추와 잎상추, 배추상추, 줄기상추 이렇 게 네 가지 상추가 있다. 우리나라에서는 잎상추 가운데 포기잎 상추와 치마잎상추를 많이 기른다. 포기잎상추는 잎 빛깔이 불 그스름한 것과 풀빛인 것이 있다. 토박이 포기잎상추로는 서울 신정동에 개적상추, 하일동에 참잡이상추, 뚝섬에 뚝섬상추, 은 평동에 은평오그라기상추, 경남 김해에 안동꽃상추, 개성에 개성

꽃상추 따위가 있다. 치마잎상추는 잎을 한 장 한 장 뜯어 날로 먹는다. 토박이 치마잎상추로는 충남상추, 서울개봉상추, 적치마 상추, 청치마상추, 고성적치마상추, 산청청치마상추, 완도청치마 상추, 칭이부루, 매꼬지상추 따위가 있다. 요즘에는 경기도와 경 상도에서 속이 차는 상추도 많이 기른다. 높고 서늘한 산지에서 는 속이 차는 상추를 많이 심고, 낮은 밭에서는 잎상추를 기른 다. 《증보산림경제》는 "줄기가 하얗고 잎이 넓은 것이 좋고, 줄기 에 자주빛이 돌며 잎이 좁은 것은 안 좋다. 잎과 순 모두 먹기 좋 으며 가을에 먹는 것이 더욱 좋다."라고 나온다.

옛 책

《증보산림경제》에는 "음력 2~3월에 갓이나 아욱과 함께 심고, 음력 6월이 되면 씨를 받았다가 음력 7월에 다시 심는다."라고 했 다. 《해동농서》에는 "음력 2월에 기름진 땅에 심어 음력 4월에 대 가 올라오면 껍질을 벗기고 날로 먹는다. 맛이 꼭 오이 맛이다. 절 여 먹어도 좋으니 소금을 뿌려 눌러 놓는다."라고 했다. 《조선증보 구황촬요》에는 "순무, 배추, 아욱, 상추, 시금치 다섯 채소는 한 해에 두세 번 심을 수 있기 때문에 사람들이 모두 씨를 받는다." 라고 나온다. 《농상집요》에는 "씨를 물에 하루 담갔다가 축축한 흙 위에 씨를 뿌린 뒤 동이나 주발로 덮어 둔다."라고 했다.

쓰임

상추는 깻잎과 더불어 날 것 그대로 쌈을 가장 많이 싸 먹는 채소다. 상추에 밥과 함께 된장이나 고추장, 고기 따위를 얹어 싸 먹는다. 또 겉절이를 해 먹는다. 맛이 쌉싸름하면서 아삭하다. 상추잎을 따거나 줄기를 자르면 우유 같은 하얀 즙이 나오는데, 이 즙에는 잠이 잘 오게 하는 성분이 들어 있다. 그래서 상추쌈을 많이 먹으면 잠이 잘 온다. '가을 상추는 문 닫고 먹는다'고 할 만큼 몸에 좋다는 우스갯말도 있다.

상추에는 철분이 많이 들어 있어서 몸속 피를 맑게 한다. 철분 말고도 칼륨, 칼슘, 마그네슘, 인 같은 무기질 영양소가 많이 들어 있다. 상추 잎과 뿌리를 잘 말린 뒤 가루를 내서 이를 닦으면 이가 하얘진다. 예전에는 뱀을 쫓으려고 상추를 심었다고 한다. 상추를 심으면 신기하게도 뱀이 없다. 《증보산림경제》에는 "적상추를 질 좋은 황토와 섞어 찧은 뒤 그릇을 빚어 불에 구우면 구릿빛이 난다."라고 썼다.

상추 즙은 결핵에 걸린 사람이나 위궤양을 앓는 사람에게 좋다. 또 오줌이 잘 나오게 한다. 아기를 낳은 엄마가 먹으면 젖이 잘 나온다. 상추 씨는 혈압이 높거나 엄마 젖이 잘 안 나올 때 달여 먹으면 좋다. 《동의보감》에는 "성질이 차고 맛이 쓰며 독이 조금 있다. 힘줄과 뼈를 튼튼하게 한다. 먹으면 오장이 편안해지고 가슴에 막힌 기가 뚫리고 경맥이 잘 통한다. 이가 하얘지고, 머리가 맑아져 졸리지 않는다."라고 나오는데, 성질이 차기 때문에 몸이 찬 사람이 먹으면 배가 차가워진다고 했다.

시금치 시금채, 시금초 *Spinacia oleracea*

2005년 6월 전북 변산

명아주과
키 50cm
씨 뿌리는 때 4월, 8월 말~9월 초,
9월 말~10월 초
꽃 피는 때 5월
거두는 때 5월 중순~6월 초,
10월 초~11월 말, 이듬해 3월 말~4월 중순

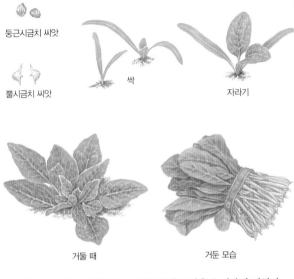

둥근시금치 씨앗

뿔시금치 씨앗

싹

자라기

거둘 때

거둔 모습

1. 씨를 밭에 바로 줄뿌림한다. 씨를 뿌리고 열흘쯤 지나면 떡잎이
   나오고 며칠 더 지나면 본잎이 나온다.
2. 싹이 나고 한 달쯤 지나면 잎이 점점 넓어진다. 겨울 시금치는
   봄이나 여름 시금치보다 더디게 자란다.
3. 싹이 난 지 두 달쯤 지나면 조금씩 뽑아 먹는다. 겨울철에는 더
   자라지 않고 잎이 땅에 바짝 붙어 겨울을 난다.
4. 겨울을 나고 이듬해 봄에 날씨가 따뜻해지면 다시 자라기
   시작한다.

시금치는 밭에 심어 기르는 한두해살이 잎줄기채소다. 시금치는 원래 아프가니스탄 둘레와 중앙아시아에서 자라던 풀이다. 이란 지방에서는 오래전부터 길러왔다고 한다. 유럽에는 11~16세기에 걸쳐 여러 나라로 퍼졌고, 동양으로는 7세기쯤 한나라 시대에 중국으로 먼저 퍼졌다. 중국에서는 713년에 펴낸 약초책인 《식료본초》에 약초로 나온다.

우리나라에는 중국에서 들어온 것 같다. 조선 시대 중종 때 최세진이 펴낸 《훈몽자회》(1527)에 이름이 처음 나온다. 이것으로 미루어 볼 때 조선 초기에 들어온 것 같다. 《동의보감》이나 《산림경제》 같은 책에 '시근치'라는 우리 이름이 적혀 있다. 중국 사람들은 '뿌리가 빨간 채소'라는 뜻으로 '적근채(赤根菜)'라고 하는데 '시근치'라는 소리가 난다. 이 말이 우리나라로 넘어와 '치근치, 시근치'를 거쳐 '시금치'가 되었다고 한다.

기르기와 거두기

시금치는 더운 여름이 아니면 아무 때나 길러 먹을 수 있다. 하지만 겨울을 나고 봄에 거둔 시금치가 가장 맛있다. 포항에서 나는 포항초와 전남 비금도에서 나는 섬초가 가장 널리 알려졌다. 여름에는 빨리 자라서 한 달 만에도 뽑아 먹을 수 있지만, 겨울을 난 시금치보다 맛이 싱겁다. 시금치는 웬만하면 병에 안 걸리고 튼튼하게 잘 자란다. 밭에 생선뼈나 달걀 껍데기, 조개껍데기 따위를 줄곧 넣어 주면 더 병에 안 걸린다. 기르기 가장 알맞은 온도는 15~20도이고, 서늘한 날씨에서 잘 자라며 흙이 산성이면 잘 안 자란다. 또 한두 해가 되면 밭을 바꾸어 주는 것이 좋다.

갈무리

시금치는 그때그때 따서 먹는다. 오래 두면 물크러진다. 시금치를
오래 두고 먹으려면 데쳐서 볕에 말려 시래기를 만들어도 좋다.
4~5월쯤에 꽃대가 올라온다. 이때 씨를 받을 시금치만 남기고
뽑아 먹는다. 씨앗이 여물면 손으로 비벼서 씨를 받는다. 겉이 반
들반들한 씨앗은 뿌려도 싹이 잘 트지 않는다.

《농상집요》라는 중국 농사책에는 "반찬으로 다 먹지 못하면 속
이 익도록 뜨거운 물에 데친 뒤 볕에 말려 둔다. 채소가 나지 않
는 철에 따뜻한 물에 담가 부드럽게 익혀 먹으면 아주 좋다."라고
했다. 또 "움 속에 갈무리해 두면 겨울철에 푸른 채소로 먹을 수
있다."라고 나온다.

병해충

시금치는 병에 잘 걸리지 않고 아무 데서나 잘 자란다. 가끔 노균
병, 모자이크병, 괴저오갈병에 걸린다. 병에 걸린 시금치는 뽑아
멀리 버린다. 모자이크병이나 괴저오갈병은 진딧물이 옮긴다. 그
러니 진딧물이 꼬이지 않도록 살핀다. 또 흰띠명나방 애벌레가 잎
을 갉아 먹는다.

품종

시금치는 씨에 뿔이 돋은 시금치와 뿔이 없고 둥근 시금치가 있
다. 뿔이 돋은 시금치는 동양종이고, 뿔이 없는 둥근 시금치는 서

양종이 많다. 씨에 뿔이 있는 시금치는 꽃이 빨리 피고 추위를 잘 견딘다. 또 뿌리가 더 빨갛다. 우리 토박이 시금치가 씨에 뿔이 있는 시금치다. 토박이 시금치는 지역에 따라 강화 뿔시금치, 파주 겹시금치와 늦시금치, 전남 완도 뿔시금치, 전남 비금도 섬초시금치 따위가 있다. 서양종은 추위에 약해 봄에 심는다.

옛 책

《증보산림경제》에는 "기름지고 푸석한 땅에 심는 것이 좋다. 음력 1~2월에 심는 것은 벌레가 많아서 음력 7~8월에 심은 것보다 못하다. 씨앗을 물에 2~3일 담근다. 껍질이 부드러워지면 건져 내어 말리다가, 땅에 놓고 동이로 덮어 둔다. 싹이 나기를 기다려 땅을 아주 곱게 간 뒤에 씨를 심고 그대로 말똥으로 덮어 준다. 다 자란 뒤에는 거름을 줄 필요가 없다."라고 나온다.《본초강목》에는 "음력 8~9월에 심은 것은 겨울에 먹고, 음력 1~2월에 심은 것은 봄채소로 먹는다."라고 하였다.

쓰임

우리나라 사람들은 오래전부터 시금치나물, 시금치쌈, 시금치죽, 시금칫국을 해 먹었다. 시금치를 끓는 물에 살짝 데쳐서 무치거나 된장국에 넣어서 먹는다. 시금치에 들어 있는 비타민A는 기름에 녹으면 몸에 더 잘 흡수된다. 그래서 기름에 볶아 먹어도 좋다. 너무 삶으면 영양분이 없어지기 때문에 살짝 데쳐서 나물로 먹는 것이 좋다. 시금치를 데칠 때는 냄비 뚜껑을 열고 데친다. 또 끓는 물에 소금을 약간 넣고 시금치 뿌리 쪽부터 넣어 데치는 것이 좋다. 뚜껑을 닫고 데치면 누렇게 삶아진다. 서양 사람들은 시금치를 날로 먹는다.

시금치를 많이 먹으면 피가 맑아지고 영양가가 많아서 몸이 튼튼해진다. 비타민, 철분, 칼슘, 카로틴, 엽산 같은 좋은 영양분이 많이 들어 있다. 그래서 몸이 쑥쑥 크는 어린아이에게 좋다. 또 식물 섬유가 많아서 소화도 잘되고, 똥이 굳어 안 나오는 변비에도 좋다. 철분이 많아서 빈혈이 있는 사람한테도 좋다. 시금치는 몸속에 쌓인 요산을 몸 밖으로 빼 주기 때문에 류머티즘이나 통풍에 걸린 사람한테도 좋다.

시금치를 많이 먹으면 콩팥이나 오줌보에 돌이 생길 수도 있다. 하지만 날 시금치를 한 달쯤 3kg 이상 꾸준히 먹지 않는 한 괜찮다. 《동의보감》에는 "성질이 차고 독이 조금 있다. 오장이 튼튼해지며 장과 위에 있는 열을 없앤다. 술을 먹고 생긴 독을 풀어 준다."라고 나온다.

쑥갓 동호 *Chrysanthemum coronarium*

2012년 7월 인천 강화

국화과
키 30~60cm
씨 뿌리는 때 3~4월, 9~10월
꽃 피는 때 5~8월
거두는 때 4~6월, 10~11월

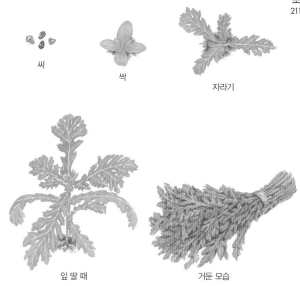

씨

싹

자라기

잎 딸 때

거둔 모습

1. 씨를 20cm쯤 띄워서 줄뿌림한다. 흙을 살짝 덮고 물을 흠뻑 준다.

2. 싹이 나서 7~8cm쯤 크면 한 번 솎아 준다.

3. 씨를 뿌리고 한 달쯤 지나면 줄기를 꺾거나 줄기에 난 잎을 딴다.
   그러면 곁가지가 여러 개 나온다.

4. 남겨둔 쑥갓에서 오뉴월에 꽃이 피면 씨를 받는다. 씨를 받아서
   가을에 다시 뿌린다.

쑥갓은 밭에 심어 기르는 한해살이 잎줄기채소다. 생김새나 냄새가 쑥과 닮았다. 쑥갓은 지중해에서 자라던 풀이라고 한다. 유럽 사람들은 꽃을 보려고 기른다. 유럽에서 아시아로 퍼지면서 아시아 사람들이 채소로 먹기 시작했다. 지금은 우리나라와 인도, 중국, 동남아시아, 일본에서 많이 길러 먹는다. 서양 사람들은 안 먹는다.

중국에는 옛날 약초책인 《가우본초》(1057)에 처음 나오는데 그 전부터 길러 먹었다고 한다. 우리나라에는 조선 시대 최세진이 펴낸 《훈몽자회》(1527)에 이름이 처음 나온다. 일본에서는 《화한삼재도회》(1712)라는 책에 처음 나온다. 이 책에는 쑥갓을 '고려국(高麗菊)'이라고 했다. 이로 미루어 보아 아마도 고려 때 쑥갓이 들어온 것 같다. 조선 시대 농사책에 쑥갓을 심고 가꾸는 방법이 나온다. 중국 약초책인 《본초강목》을 지은 이시진은 "쑥갓은 음력 8~9월에 심고, 겨울과 봄에 뜯어 먹는다. 줄기는 살찌고 꽃과 잎은 다북쑥을 조금 닮았다. 맛은 맵고 달며 다북쑥 냄새가 난다. 음력 4월에 장다리가 나와 2척 높이쯤 자란다. 짙은 누른 꽃이 피는데 꼭 국화꽃처럼 생겼다. 꽃 한 송이에 씨가 백 알쯤 맺는다. 가장 쉽게 자란다. 이 쑥갓은 옛날부터 이미 있었다."라고 했다.

기르기와 거두기

쑥갓은 봄과 가을 두 번 심어 기를 수 있다. 한 번 심으면 두고두고 먹는다. 15~20도일 때 가장 잘 자란다. 추위와 더위에도 잘 견딘다. 하지만 기온이 10도 아래거나 30도가 넘으면 싹이 잘 안 튼다. 상추 씨를 뿌릴 때 같이 뿌리면 좋다.

쑥갓은 집에서도 빈 상자나 화분에서 손쉽게 기를 수 있다. 흙을 담고 씨를 뿌린 뒤 흙을 살짝 덮어 준다. 해가 잘 드는 곳에 두고 물을 자주 주면 금방 싹이 튼다. 너무 촘촘히 나면 솎아 준다. 이렇게 해서 10cm쯤 자라면 솎아서 먹기 시작한다. 그러다가 키가 자라면 곁가지를 잘라 먹는다. 쑥갓은 곁가지를 잘라도 또 나온다. 그래서 이른 봄에 씨앗을 뿌리면 여름까지 두고두고 먹을 수 있다. 5월쯤 되면 노란 꽃이 피는데 꽃송이가 크고 탐스러워서 보기에도 무척 좋다.

갈무리

쑥갓은 꽃이 피기 전에 따서 먹는다. 꽃이 피면 억세져서 맛이 없다. 그때그때 따서 바로바로 먹어야 맛있다. 오래 두면 물크러진다. 남겨 둔 쑥갓에서 오뉴월에 꽃이 피면 씨를 받는다. 씨는 잘 말려 두었다가 가을에 다시 뿌린다.

병해충

쑥갓은 병에 잘 안 걸리지만 가끔 노균병, 탄저병, 잎마름병에 걸린다. 벌레도 잘 안 꼬인다. 쑥갓을 기를 때 가장 골칫거리는 풀이다. 풀을 잘 뽑아 주지 않으면 금세 풀밭이 된다. 봄에는 명아주, 비름, 바랭이, 냉이 같은 풀이 잘 자라고 가을에는 별꽃, 코스모스, 도깨비풀 같은 풀이 자란다.

품종

쑥갓은 품종이 많지 않다. 흔히 잎 크기로 나눈다. 잎이 큰 쑥갓,
중간치 쑥갓, 작은 쑥갓이 있다. 중국에서는 잎이 큰 쑥갓과 작은
쑥갓을 많이 심는다. 우리나라와 일본은 중간치 쑥갓을 많이 심
는다. 잎이 큰 쑥갓은 향기가 덜 하고 추위와 더위를 잘 못 견딘
다. 하지만 수북하게 자라고 꽃대가 늦게 올라온다. 중간치 쑥갓
은 냄새가 진하고 추위와 더위를 잘 견딘다. 잎이 작은 쑥갓은 냄
새가 가장 진하다. 하지만 거두는 양이 적다.

옛 책

《증보산림경제》에는 "기름진 땅에 심는 것이 좋다. 음력 3월에 심
어 음력 5월에 씨앗을 받았다가 음력 7~8월에 심으면 더 맛있다."
라고 나온다. 《임원경제지》에는 "음력 2월에 심으면 늘 먹을 수
있다. 음력 8월 중순이나 말쯤에 심으면 가을 채소로 먹을 수 있
다. 만약 씨를 받으려면, 봄에 다 먹지 못한 쑥갓에서 씨를 받는
다."라고 나온다.

쓰임

쑥갓은 언뜻 보면 쑥을 닮았다. 냄새도 쑥 냄새가 난다. 씁쓸하면
서 달착지근한 맛이 좋고 향기도 좋아서 찌개나 국을 끓일 때 많
이 넣어 먹는다. 생선찌개나 매운탕에 넣으면 비린내가 가시고 국
물 맛이 시원해져서 아주 잘 어울린다. 또 상추와 함께 날로 쌈을

싸 먹거나 시금치처럼 살짝 데쳐서 무쳐 먹기도 한다. 일본에서는 우동에 넣거나 튀겨 먹는다. 칼슘, 철분, 비타민이 많이 들어 있고, 몸에 좋은 아미노산도 많다. 위를 따뜻하게 하고 소화를 돕고 장을 튼튼하게 한다. 또 똥이 굳어 안 나오는 변비를 낫게 한다. 하지만 물똥을 쌀 때는 안 먹는 것이 좋다. 즙을 짜서 멍이 들거나 삔 곳에 바르면 좋다. 잎을 말려 목욕물에 넣어도 좋다.

《농정회요》(1830)에는 "기운을 가라앉히고 비장과 위장을 튼튼하게 한다."라고 나온다. 《임원경제지》에는 "쑥갓은 싹과 잎을 뜯어 삶아서 익힌 뒤 물로 깨끗이 씻어 기름과 소금으로 버무려 먹는다."라고 했다. 또 잎을 뜨거운 물에 우려 차로 만들어 먹는다고 나온다. 또 일제 강점기에 펴낸 《조선의 구황식물과 식용법》에는 "쑥갓은 잎과 줄기를 함께 삶아서 채소로 먹는다. 소금에 절이거나 겨된장에 담그면 향과 맛이 좋다. 또 먹을거리가 떨어졌을 때 먹기도 한다."라고 나온다.

아욱 아욱, 동규, 노규, 파루초 *Malva verticillata*

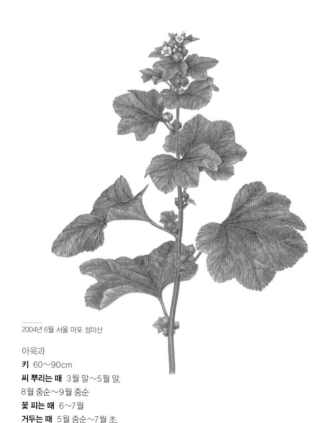

2004년 6월 서울 마포 성미산

아욱과
키 60~90cm
씨 뿌리는 때 3월 말~5월 말,
8월 중순~9월 중순
꽃 피는 때 6~7월
거두는 때 5월 중순~7월 초,
9월 중순~11월 초

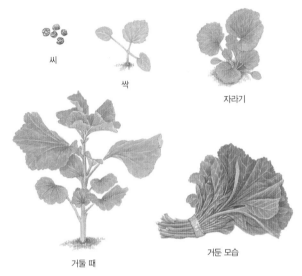

씨

싹

자라기

거둘 때

거둔 모습

1. 씨를 한 뼘쯤 띄워서 줄뿌림한다. 씨를 뿌린 뒤 살짝 흙을 덮고
   물을 뿌린다. 아욱은 축축한 땅을 좋아하기 때문에 이랑을 낮게
   한다.
2. 일주일쯤 지나면 떡잎이 올라온다. 이 주일쯤 지나면 본잎이
   나온다.
3. 다섯 주쯤 지나면 잎을 거둘 수 있다. 그때그때 위쪽에 난 연한
   잎과 줄기를 꺾는다. 그러면 다시 가지를 치면서 자란다. 배게 자란
   아욱은 솎아 내서 사이를 넓혀 준다.

아욱은 잎을 따 먹으려고 기르는 한해살이 잎줄기채소다. 아욱은 원래 중국에서 자라던 풀이라고 짐작한다. 기원전 11~6세기 시를 모은 《시경》이라는 책에 아욱이 나오는 것으로 보아 그전부터 길렀던 것 같다. 6세기쯤에 펴낸 중국 농사책인 《제민요술》에는 아욱을 심고 가꾸는 방법이 나와 있다. 중국에서는 오래전부터 아욱을 다섯 가지 채소 가운데 하나로 귀하게 여겨 왔다. 유럽에는 1680년쯤에 퍼졌다.

우리나라에는 고려 시대 이전에 중국에서 들어온 것 같다. 아욱이 처음 나오는 책은 고려 때 이규보가 펴낸 《동국이상국집》(1241)이다. 이 책에는 집 텃밭에서 기르던 여섯 가지 채소로 오이, 가지, 순무, 파, 아욱, 박이 나온다. 그 뒤 《향약구급방》(1236)에 나오고, 조선 시대 농사책인 《산림경제》(1700), 《해동농서》(1798), 《임원경제지》(1842) 같은 농사책과 《동의보감》에도 빠지지 않고 나온다.

일본에는 옛날 우리나라에서 건너간 사람들이 아욱을 퍼뜨렸다. 일본 이름인 '아오이'는 우리 이름인 '아욱'이 바뀐 이름이라고 한다. 일본에서 8세기 때 펴낸 책에 채소로 나온다.

기르기와 거두기

아욱은 한 해에도 여러 번 씨를 뿌려 기를 수 있다. 조그만 텃밭에 씨를 뿌려도 잘 자란다. 아욱은 어느 땅에서나 잘 자란다. 온도가 15도 넘으면 언제든지 씨를 뿌려 가꿀 수 있다. 또 금방 자라기 때문에 빨리 거두어 먹을 수 있다. 봄에 심은 아욱에서 씨를 받아 가을에 심어도 잘 자란다.

갈무리

아욱은 그때그때 부드러운 잎과 줄기를 따 먹는다. 아욱 줄기에서 얇은 겉껍질을 벗겨 내고 먹는다. 줄기나 잎이 뻣뻣하고 억세면 잘 주물러 치대서 풋내를 빼고 부드럽게 만든다. 오래 두고 먹으려면 시래기를 만들어 두면 좋다. 6~7월이 되면 꽃이 피고 씨가 여문다. 씨를 잘 받아 다음에 심는다. 《제민요술》에는 "서리가 내리기를 기다려 거둔다. 일찍 거두면 누렇게 썩어서 상하고, 너무 늦게 거두면 검고 거칠어진다. 따 낸 잎을 시렁 위에 매달아 서늘한 곳에 둔다. 햇볕에 쬐면 역시 거칠어진다."라고 했다.

병해충

아욱은 가끔 벌레가 갉아 먹을 뿐 큰 병이 없다. 다만 풀이 잘 자라니까 그때그때 김매기를 잘해 준다. 호미보다 손으로 풀을 뽑는 것이 좋다.

품종

아욱은 오래전부터 길러왔지만 품종이 많지 않다. 치마아욱, 사철아욱, 좀아욱 따위가 있다. 치마아욱은 잎이 크고 두꺼우며 줄기가 연한 자줏빛이 돈다. 사철아욱은 잎이 크고 오글거리며 줄기가 굵고 씨가 늦게 여문다. 좀아욱은 잎이 얇고 작으며 줄기도 가늘다. 우리 토박이 아욱으로는 전북 고창치마아욱, 경기도 안성 죽산수집종, 강원도 영월 수주수집종, 충북 제천 제원수집종 따위가 있다. 심어 기르는 때에 따라 봄아욱, 여름아욱, 가을아욱, 겨울아욱이라고도 한다.

옛 책

《제민요술》에는 "이랑을 만들어 씨를 뿌리면 좁은 땅에서도 많이 거둘 수 있다. 이랑 하나만으로도 한 사람은 먹을 수 있다."라고 했다. 《증보산림경제》에는 "음력 10월 말에 땅이 얼려고 할 때 씨앗을 흩뿌리고(음력 1월 말에 뿌려도 된다) 발로 밟아 주면 좋다. 봄이 되어 땅이 풀리면 곧 싹이 난다. 이때 호미질을 자주 할수록 좋다. 음력 5월초에 다시 심고, 음력 6월 1일에 줄기가 흰 가을 아욱을 심는다. 음력 5월에 심었던 아욱은 남겨 두었다가 씨를 받는다. 가을 아욱은 먹을 만하다. 봄 아욱은 땅에 바짝 대고 잘라 낸다. 그러면 그 뒤에 뿌리에서 자라는 싹은 부드럽고 연해서 가을 아욱보다도 맛있다. 음력 8월 중순에 가을 아욱을 잘라 내면 새로 나오는 움은 살지고 부드럽게 자란다. 상강이 될 때까지 기다리면 사람 무릎 높이만큼 자라는데, 이때 거두면 줄기나 잎이 다 맛있다."라고 했다.

쓰임

아욱은 줄기와 잎을 따서 된장을 풀어 국을 끓여 먹으면 맛있다. 꽃이 피어도 잎을 줄곧 따 먹을 수 있다. 가을에 딴 아욱으로 끓인 국은 남달리 맛이 좋아서 "가을 아욱국은 문 걸어 잠그고 몰래 먹는다."라는 말까지 있다. 잎을 삶아서 쌈장이나 풋고추를 넣고 쌈을 싸 먹어도 맛있다. 아욱을 넣고 죽을 끓여 먹어도 좋다. 다른 채소로는 장아찌를 담그지만 아욱은 장아찌를 못 담근다. 시래기처럼 말려 겨울에 먹기도 한다.

아욱은 단백질, 지방, 칼슘이 시금치보다 두 배 넘게 들어 있다. 칼슘이 많아 키가 쑥쑥 크는 아이들에게 좋다. 아욱은 줄기를 벗기면 미끈거리는데 똥이 굳어 안 나오는 변비에 좋다. 씨는 달여 약으로 쓴다. 몸이 붓고 오줌이 안 나올 때, 똥이 굳어 안 나올 때, 젖이 잘 안 나올 때 달여 먹으면 좋다. 중국에서 오래된 약초 책인 《신농본초경》에는 "아욱을 오래 먹으면 뼈가 튼튼해지고 살이 찌고 몸이 가볍고 오래 산다."라고 써 있다. 《동의보감》에는 "성질이 차다. 맛이 달고 독이 없다. 오줌이 잘 안 나오고 방울방울 떨어지면서 오줌길과 아랫배가 땅기고 아픈 다섯 가지 병을 낫게 하고, 오줌을 날 누게 한다. 오장육부가 차거나 열이 나서 생기는 병을 고치고, 아기를 낳은 엄마 젖이 잘 나오게 한다. 가을에 아욱을 심고 겨울이 지나 봄이 되도록 덮어 두면 씨를 맺는데 이것을 돌아욱 씨라고 한다. 이 씨를 약으로 많이 쓴다. 오줌과 똥이 술술 잘 나오게 하고 몸속에 있는 돌을 몸 밖으로 빼낸다. 봄에 심어 거둔 씨도 성질은 미끄럽지만 약으로는 못 쓴다. 서리가 내린 뒤에 거둔 돌아욱은 안 먹는다. 담이 생기게 하고 물을 토하게 만들기 때문이다. 씨는 살짝 볶아 부스러뜨려서 쓴다."라고 나온다. 하지만 아욱 씨는 성질이 차기 때문에 몸이 차거나 약하거나 물똥을 자주 싸는 사람에게는 안 좋다고 한다.

파 <small>총, 움파</small> *Allium fistulosum*

2005년 8월 전북 변산

백합과
키 30cm 안팎
씨 뿌리는 때 봄파 3월 말,
가을파 8월 말~9월 초
모종하는 때 봄파 5월 말,
가을파 10월 말~11월
꽃 피는 때 5~6월
거두는 때 봄파 9월부터,
가을파 이듬해 2~3월

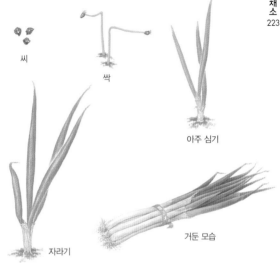

씨

싹

아주 심기

자라기

거둔 모습

1. 밭에다 씨앗을 뿌려서 모종을 키운다. 씨앗을 심고 네댓새 지나면
   싹이 올라온다. 30cm 넘게 크면 옮겨 심는다.

2. 씨앗을 심은 지 두 달쯤 지나면 잎이 굵어지고, 키도 많이 큰다.
   웬만큼 자라면 조금씩 거둬 먹는다. 잎을 잘라서 먹어도 몇 번은 더
   자라 나온다.

3. 가을까지 파를 안 뽑고 그냥 두면 잎이 시든 채 겨울을 난다.
   잎은 시들지만 땅속뿌리는 그대로 살아 있다. 봄이면 다시 싹이
   올라오고, 줄기 끝에서 둥글게 꽃 뭉치가 핀다. 씨앗을 받을 게
   아니라면 꽃을 따 주어야 파가 튼튼하게 자란다.

파는 밭에 심어 기르는 여러해살이 잎줄기채소다. 뿌리 쪽에 가까운 하얀 비늘줄기와 곧게 자라는 파란 잎을 먹는다. 여러해살이지만 두 해쯤 길러 거둔다. 잎이 양파처럼 자라는데, 비늘줄기는 양파와 달리 굵어지지 않고 하얀 수염뿌리가 많이 난다.

파는 중국에서 이미 2000~3000년 전부터 기른 것 같다. 한나라 이전에 펴낸 《이아》라는 책에 나오고, 6세기쯤에 펴낸 농사책인 《제민요술》에 씨 뿌리고 기르는 법이 나온다. 일본에서는 8세기에 펴낸 《일본서기》에 나온다. 우리나라에 언제 들어왔는지 아직 모르지만, 중국과 일본 기록을 보면 적어도 통일 신라 시대에는 심었을 것으로 짐작한다. 고려 시대 《향약구급방》(1236)에 파가 나오고, 조선 시대 농사책에도 줄곧 나온다.

기르기와 거두기

파는 봄에 심어 가을에 거두거나, 겨울에 심어 이듬해 봄에 거둔다. 아무 데서나 잘 자라지만 물이 잘 안 빠지는 땅에서 키우면 짓물러지기도 한다. 기르기 알맞은 온도는 15~20도이다. 10도만 넘어도 싹이 튼다. 파는 스스로 뿌리를 나눠서 포기를 늘린다. 심은 지 오래된 파를 뽑아 보면 여러 줄기가 한 뿌리에서 올라온다. 줄기를 하나씩 떼어 내서 옮겨 심으면 새로운 파를 기를 수 있다. 봄가을마다 옮겨 심으면 한 해 내내 파를 길러 먹을 수 있다.

갈무리

파는 그때그때 베어 쓰는 것이 좋다. 오래 두려면 비닐봉지나 신문지에 싸서 서늘한 곳에 둔다. 쓰다 남은 파는 물기를 없앤 뒤 그릇에 넣고 꼭 닫아 둔다. 봄에 핀 꽃이 지면 까만 씨앗이 튀어나온다. 꽃 뭉치가 밤색으로 바뀌기 시작하면 꽃을 따서 말린 뒤 손으로 비벼 씨앗을 받는다. 《한정록》에는 "파 씨를 거두면 꼭 그늘에서 얇게 펴 널어 말린다. 물기에 젖으면 안 된다."라고 했다.

병해충

파는 누른오갈병, 노균병, 검은무늬병, 녹병 따위에 잘 걸린다. 병에 걸리면 파 잎에 작은 반점이 생기거나 누렇게 말라 죽는다. 파에 꼬이는 벌레로는 파총채벌레, 고자리파리, 파좀나방 애벌레, 뿌리응애 따위가 있다. 처음 모종이 자랄 때는 풀이 함께 자란다. 모종이 풀에 치이지 않게 그때그때 뽑아 준다.

품종

파는 흔히 대파, 쪽파, 실파로 나눈다. 대파와 실파는 씨를 심어 기르는데, 쪽파는 뿌리를 심어 키운다. 대파와 실파는 같은 종이다. 실파는 씨를 뿌린 뒤 50~60일쯤 자란 파다. 대파는 실파를 모종으로 심어 오랫동안 키운 파다. 쪽파는 대파보다 잎이 가늘고 작게 자란다. 실파는 쪽파와 닮았다. 뿌리 쪽이 동그라면 쪽파고, 일자로 쭉 뻗으면 실파다.

또 파는 여름파와 겨울파로 크게 나눈다. 여름파는 봄에 씨를 뿌려서 가을이나 겨울 들머리에 거둔다. 겨울에는 시들어 안 자란다. 겨울파는 가을에 씨를 뿌려 이듬해 봄에 거둔다. 여름파는 추운 지방에서 심고, 겨울파는 따뜻한 지방에서 심는다.

우리나라 토박이 파는 겨울파다. 토박이 파에는 서울파, 월성에서 기르는 자청파와 왕파, 남원에서 기르는 가랑파, 평택과 연기에서 기르는 돼지파 따위가 있다. 모두 키가 작고 줄기 아래쪽이 통통하고 추위에 강하다. 여름파는 외대파나 줄기파라고도 한다. 잎집 쪽이 길고 굵게 자란다. 요즈음 많이 심는다.

옛 책

《산림경제》에는 음력 8월 초에 이랑을 만들고 재거름에 씨앗을 섞어서 심었다가 옮겨 심는다고 나온다. 또 음력 2월에 파 씨를 볶은 좁쌀과 고루 섞어서 심는다고 했다. 좁쌀을 볶지 않으면 함께 싹이 튼다. 좁쌀과 섞어 뿌리면 고르게 씨를 뿌릴 수 있다. 《임원경제지》에는 "음력 2월에 실파를 포기 나누고, 음력 6월에 대파를 포기 나눈다. 음력 7월에는 대파와 실파를 심을 수 있다."라고 나온다.

쓰임

파는 마늘과 함께 온갖 반찬에 양념으로 쓰인다. 다른 음식 재료가 더 좋은 맛이 나도록 돕고, 생선 비린내나 고기 누린내를 없애고 입맛도 돋운다. 국을 끓일 때 넣으면 맛이 개운해진다. 날파는 독특한 냄새도 나고 약간 맵지만, 익으면 냄새도 거의 안 나고 매운맛은 사라지고 달짝지근하다. 쪽파는 김치를 많이 담근다. 파전을 부치거나 나물로 무칠 때는 실파가 낫다. 파전에 쓰이는 파는 밀양파와 기장파를 알아준다. 진주와 동래가 파전으로 잘 알려졌다. 미역국에 파를 넣으면 파 냄새가 세서 미역 맛이 덜 나기 때문에 함께 넣지 않는다. 또 미역을 파랑 함께 먹으면 미역에 든 칼슘을 제대로 흡수하지 못한다. 또 파나물, 파강회, 파누름적, 파산적, 파장아찌 같은 음식을 만든다.

파는 약으로도 쓴다. 코 막힐 때 파 흰 줄기를 세로로 쪼개 미끈미끈한 속을 콧등에 붙이면, 잠시 뒤에 코가 뻥 뚫린다. 벌이나 지네 같은 벌레에 물렸을 때 파 뿌리를 짓이겨서 붙이면 아픈 게 낫는다. 옛날부터 몸살감기에 걸리거나 배와 머리가 아플 때는 파 뿌리와 생강, 대추를 넣고 푹 끓인 물을 약으로 마셨다. 살갗에 상처가 살짝 났을 때는 하얀 비늘줄기 안쪽 껍질을 잘라서 붙이면 피가 멎거나 멍이 풀린다. 파 속에 있는 '알리신'이란 성분은 티프테리아나 결핵균, 이질균, 포도상구균 같은 나쁜 병균을 죽이는 힘이 있다.

《동의보감》에는 파 밑쪽을 약으로 쓴다고 나온다. "성질이 서늘하다(평범하다고도 한다). 맛이 맵고 독이 없다."라고 나온다. 몸이 추웠다 열이 나면서 아플 때, 중풍에 걸렸을 때, 얼굴과 눈이 부을 때, 목이 붓고 아플 때 달여 먹으면 좋다고 나온다. 또 달인 물을 먹으면 눈이 밝아지고, 간이 튼튼해지고, 오장에 이롭고, 여러 가지 약을 먹어 생기는 독을 없애고, 똥오줌이 잘 나가게 해 준다고 나온다.

쪽파 *Allium wakegi*

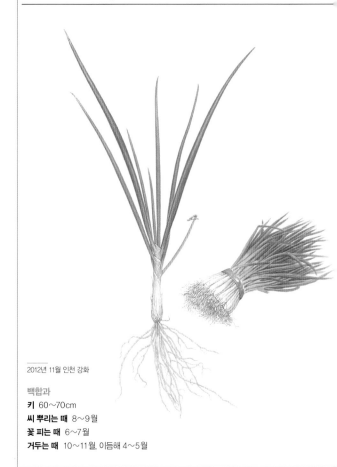

2012년 11월 인천 강화

백합과
키 60~70cm
씨 뿌리는 때 8~9월
꽃 피는 때 6~7월
거두는 때 10~11월, 이듬해 4~5월

쪽파는 밭에 심어 기르는 한해살이나 두해살이 채소다. 아무 데서
나 잘 자란다. 쪽파는 파와 양파가 꽃가루받이를 해서 생긴 잡종이
다. 그래서 파 같기도 하고 양파 같기도 하다. 잎은 파처럼 생겼지
만 더 가늘고 작다. 뿌리 위쪽은 양파처럼 동그란 비늘줄기가 있
다. 쪽파는 씨를 뿌리지 않고 비늘줄기를 심는다. 쪽파에서 거둔
씨를 뿌려도 싹이 나지 않는다.

우리나라에서 언제부터 심어 길렀는지는 뚜렷하지 않다. 중국에서
는 기원전부터 심어 길렀고, 일본에서도 10세기에 펴낸 책에 쪽파
이름이 나오는 것으로 보아 삼국 시대쯤부터 심어 기른 것 같다.
삼동고리파와 쇠고리파를 토박이 쪽파로 여기고 있다.

쪽파는 여름에 심으면 잠을 자기 때문에 싹이 나지 않는다. 그래서
여름이 지나고 가을 들머리쯤 날씨가 선선해지면 심는다. 기온이
15~22도일 때 잘 자란다. 비늘줄기 한 알이나 두세 알쯤 심으면 가
을에 무럭무럭 자란다. 겨울이 되기 전에 거두어도 되고, 이듬해
봄에 싹이 다시 돋을 때 거두어도 된다. 가을에 거둔 쪽파는 김장
을 담글 때 많이 넣는다. 쪽파로만 김치를 담그거나 물김치, 동치미
에도 넣는다. 봄에 거둔 쪽파는 파전을 부쳐 먹는다.

덩이줄기
비늘줄기 채소

감자
마늘
생강
양파
토란

감자 감자, 북저 *Solanum tuberosum*

꽃 2005년 6월 강원 횡성

가지과
키 60~80cm
씨감자 심는 때 3월 말
꽃 피는 때 5~6월
캐는 때 6~7월

덩이줄기 2005년 7월 서울 마포 성산동

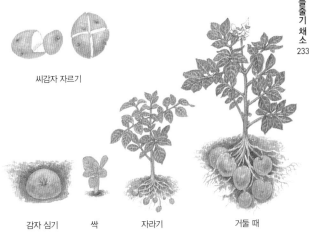

씨감자 자르기

감자 심기   싹   자라기   거둘 때

1. 씨감자에 눈이 난 곳을 2~4 조각으로 자른 뒤 서늘한 곳에서
   사나흘쯤 말린다.
2. 씨눈이 아래로 가도록 밭에 바로 심는다. 한 달쯤 지나면 싹이
   올라온다.
3. 싹이 나고 두 주쯤 더 지나면 줄기가 크게 자라고, 감자알이 달리기
   시작한다. 감자알이 달리면 김을 매면서 북을 자주 돋워 준다.
4. 심은 지 두 달이 지나 꽃이 피면 모두 따 주어야 감자알이
   굵어진다. 심은 지 석 달쯤 지나면 뽑아 거둔다.

감자는 밭에 심어 기르는 한해살이 덩이줄기 채소다. 본디 멕시코, 페루, 칠레, 볼리비아 같은 남아메리카 높은 산에서 자라던 풀이다. 남아메리카 잉카 제국에서는 천 년 전쯤부터 감자를 길러 먹었다고 한다. 잉카 사람들은 감자를 말리거나 얼려서 오랫동안 갈무리해 두는 법도 알았다. 16세기 초에 스페인 정복자인 '프란시스코 피사로'라는 사람이 감자를 유럽으로 가져왔다고 한다. 같은 해에 또 다른 스페인 사람은 페루에서, 조금 더 나중에 영국 사람이 칠레에서 감자를 유럽으로 가져갔다. 유럽에 건너온 감자를 독일 사람들이 맨 처음 곡식으로 키웠다. 하지만 유럽 사람들은 감자를 먹으면 한센병에 걸린다고 여겨서 잘 먹지 않았다. 18~19세기에 유럽에 인구가 늘어나 먹을 것이 모자라니까 그제야 감자를 심어 먹기 시작했다.

우리나라에는 중국에서 감자가 들어왔다. 이규경이 쓴 《오주연문장전산고》에는 감자가 1824년과 1825년 사이에 관북에서 처음 들어왔는데, 명천에 사는 김 모씨가 감자를 가져왔다고 나온다. 또 청나라 사람들이 우리나라 산삼을 캐려고 몰래 국경을 넘어와 산과 골짜기에 심어 먹었다가, 사람들이 떠나고 난 뒤 밭에 남은 감자가 널리 퍼졌다고도 한다.

김창한은 《원저보》(1862)라는 책에 전라도 바닷가에 영국 배를 타고 들어온 네덜란드 선교사 찰스 구츠라프(Charles Gutzlaff)가 씨감자를 농사꾼에게 나눠 주고 기르는 법을 알려주었다고 썼다. 감자라는 말은 '북쪽에서 온 감저(甘藷)'라는 뜻으로 옛날에는 '북감저(北甘藷)'라고 했다. 원래 '감저'는 고구마를 뜻하는 옛말이다. 고구마가 들어오고 60년쯤 뒤에 감자가 들어왔다.

기르기와 거두기

감자는 서늘한 날씨를 좋아해서 강원도에서 가장 많이 난다. 이른 봄에 심어 여름 장마가 지기 전에 거둔다. 감자는 비를 맞고 나서 거두면 잘 썩어서 오래 두고 먹을 수 없다. 씨감자를 자를 때는 끓는 물에 소독한 칼을 써야 감자가 병에 안 걸린다. 기온이 4~5도일 때 싹이 트고, 15~18도일 때 잘 자란다. 18~21도일 때 감자알이 알차게 여문다. 30도 이상 온도가 올라가면 안 자란다.

갈무리

거둔 감자는 밝은 그늘에서 잘 말린 뒤 썩거나 병에 걸렸거나 상처가 난 알을 골라내고 갈무리한다. 감자는 햇빛을 받으면 껍질이 풀빛으로 바뀌면서 '솔라닌'이라는 독이 생긴다. 햇빛이 닿지 않도록 상자에 담아 그늘에 둔다. 사과와 함께 두면 감자 싹이 나지 않아 오래 두고 먹을 수 있다. 하지만 양파와 감자를 함께 두면 둘 다 쉽게 무르고 상한다.

감자는 온도가 5~10도쯤 되는 서늘한 곳에 두는 게 좋다. 5도 밑으로 내려가는 냉장고에 두면 감자 전분이 당분으로 바뀌어서 맛이 없어지고, 감자가 까매진다.

병해충

이십팔점박이점무당벌레, 큰이십팔점박이점무당벌레가 감자 잎을 갉아 먹는다. 감자긴수염진딧물, 목화진딧물, 복숭아진딧물은 줄기를 빨아 먹는다. 쇠줄벌레는 감자알을 파먹는다. 이 가운데 이십팔점무당벌레가 피해를 가장 많이 준다. 잎을 그물처럼 갉아 먹어서 잎이 시든다.

잎에 생기는 병으로는 감자고리무늬병, 잎말이병이 있고 잎, 줄기, 알에 생기는 병으로는 감자역병, 감자푸른마름병, 감자비루스병, 감자세균성고리썩음병, 감자시듬병, 감자탄저병, 감자물컹병, 감자옴병, 감자검은속썩음병 따위가 있다. 이 가운데 감자역병 피해가 가장 크다.

품종

감자알은 둥근 것도 있고, 길쭉한 것도 있다. 또 껍질이 흰색, 누른색, 붉은색, 보라색이 나는 감자가 있다. 속살은 대부분이 희거나 누렇고, 붉은빛이나 자줏빛이 나는 감자도 있다.

우리나라 토박이 감자에는 자주감자, 노랑감자, 분홍감자, 하지감자, 묵밭두지감자, 올감자 따위가 있다. 1930년에 미국 품종인 '아이리시 코블러'가 일본에서 들어와, 우리나라 사람들은 '남작'이라고 이름 붙여 심었다. 1950년대까지 남작을 가장 많이 심었다. 그 뒤 남작, 대지감자, 수미감자, 도원감자 같은 품종을 심는다. 생김새를 예쁘게 하거나 병에 더 잘 견디도록 요즘에도 새로운 품종을 만들고 있다.

쓰임

감자는 쌀이 귀하던 때에 밥 대신에 많이 먹었다. 녹말이 많아서 밥 대신 먹어도 배가 부르다. 철분이나 칼륨, 마그네슘 같은 중요한 무기질도 들어 있고 비타민C와 비타민B도 있어 몸에 좋다.

감자는 조리거나 볶아서 온갖 반찬을 만들어 먹는다. 또 감자밥, 감잣국, 감자떡, 감자수제비, 감자범벅, 감자부침개도 만들어 먹고, 굽거나 솥에 찌거나 기름에 튀겨서 주전부리로 많이 먹는다. 과자, 통조림, 녹말, 엿, 당면 따위를 만들기도 하며, 알코올을 뽑기도 한다. 햇살에 얼굴이 그을렸을 때나 불이나 뜨거운 물에 살이 데었을 때 감자를 갈아서 바르면 좋다. 감자를 자주 먹으면 이빨이 덜 썩는다고 한다.

그런데 감자에 움푹움푹 파인 눈이나 싹, 햇빛을 받아 파랗게 된 곳에는 솔라닌이라는 독이 들어 있어서 도려내고 먹어야 한다. 독이 없게 하려면 감자를 갈무리할 때 꼭 햇빛이 들지 않는 곳에다 둔다.

마늘 산, 백피산 *Allium sativum*

2013년 6월 인천 강화

백합과
키 50~60cm
마늘쪽 심기 9월 말~10월 중순
마늘 대 거두기 이듬해 5월
꽃 피는 때 7~8월
거두는 때 이듬해 6월 초~중순

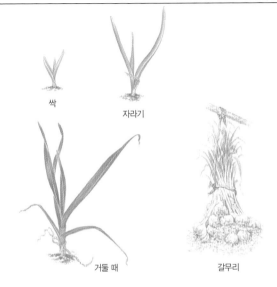

싹

자라기

거둘 때

갈무리

1. 마늘쪽을 하나씩 뜯어 싹을 틔운다. 밭에 10cm쯤 띄워 5cm
   깊이로 심고 흙을 3cm쯤 덮는다. 너무 얕거나 깊게 심지 않는다.
   마늘을 심은 뒤에 짚이나 왕겨 따위를 덮어 주면 좋다.

2. 이듬해 2월 말에서 3월 초에 싹이 올라온다. 마늘은 이른 봄에
   크게 자란다.

3. 마늘이 자라는 4~5월에는 물을 넉넉히 준다. 5월 말이 되면
   마늘 대가 서고 마늘종이 올라온다.

4. 6월이 되면 마늘 줄기가 마르면서 더 이상 자라지 않는다. 장마가
   지기 전에 거둔다.

마늘은 논이나 밭에 심어 기르는 여러해살이 비늘줄기 채소다.
비늘줄기는 연한 밤색이 나는 얇은 껍질에 싸여 있는데 그 속에
마늘쪽이 대여섯 개 들어 있다.

마늘은 중국에 기원전 2세기쯤 인도와 동남아시아를 거쳐 들어
온 것 같다. 중국에서는 마늘을 '산(蒜)'이라고 한다. 중국 명나라
때 약초책인 《본초강목》에는 "중국에는 산에서 나는 마늘과 들
에서 나는 마늘이 있었다. 이것을 사람들이 길렀다. 그러다가 한
나라 때 장건이라는 사람이 서쪽 지방에서 포도, 호도, 석류, 후
추와 함께 마늘과 닮은 새로운 품종을 가져왔다. 사람들은 이것
을 큰 마늘 또는 오랑캐 마늘이라고 했다. 그래서 전부터 있었던
마늘을 작은 마늘이라고 하며 서로 다르게 부르기 시작했다."라
고 나온다. 이때 들어온 마늘이 지금 먹는 마늘인 것 같다. 본디
있었던 작은 마늘을 달래로 보는 사람도 있다.

우리나라 단군 이야기에도 쑥과 마늘이 나오는 것으로 봐서 오래
전부터 먹었다고 볼 수 있다. 하지만 단군 이야기에 나오는 마늘
은 달래라고 보기도 한다. 왜냐하면 중국 한나라(기원전
220~206) 때 장건이 오늘날 먹는 마늘을 들여왔다는 기록이 있
기 때문이다. 《삼국사기》에는 통일 신라 때 마늘 밭에서 제사를
지냈다고 써 놓았다. 이미 통일 신라 때 마늘을 길렀다는 뜻이다.
조선 시대 《동의보감》에는 대산(大蒜)을 '마늘(마늘)', 소산(小蒜)
을 '족지', 야산(野蒜)을 '들랑괴'라는 우리말 이름으로 적어 놓았
다. 아마도 대산은 마늘을, 소산과 야산은 달래인 것 같다. 조선
후기 《명물기략》이라는 책에서는 "맛이 매우 몹시 매워서 '맹랄
(猛辣)'이라고 했는데, 이것이 '마랄'로 바뀌었다가 '마늘'이 되었
다."라고 나온다.

기르기와 거두기

마늘은 서늘한 날씨를 좋아한다. 가을에 마늘쪽을 심은 뒤 이듬해 늦봄에 거둔다. 한 번 심으면 열 달쯤 밭을 차지한다. 마늘잎이 절반 넘게 누렇게 시들면 캔다. 마늘은 세계 곳곳에서 기르지만 아시아에서 50% 이상이 난다. 우리나라, 스페인, 인도에서 많이 심는다.

갈무리

거둔 마늘은 통째로 20~30개씩 묶어 그늘에 매달아 둔다. 그러면 줄기도 마르고 마늘도 잘 마른다. 필요하면 몇 통씩 빼내 쓰고 나머지는 그대로 둔다. 대를 자르고 알만 양파 망에 넣어 매달아 두어도 된다. 가을이 되면 달아 둔 마늘 가운데 좋은 마늘을 골라 한 쪽씩 쪼개 씨마늘로 쓴다. 마늘을 다져 그대로 놔두면 냄새가 날아가고 색깔이 바뀐다. 그때그때 다져 먹는 것이 좋다. 다진 마늘이 오래 되면 나쁜 냄새가 나서 오히려 음식 맛을 해친다.

병해충

마늘은 가을에 심어 늦봄에 거두기 때문에 병충해 걱정이 없다. 하지만 봄에 풀이 많이 돋으니까 김매기를 자주 한다. 가끔 잎에 탄저병, 노균병, 검은무늬병, 무름병 같은 병이 걸린다. 해충으로는 고자리파리가 있다. 애벌레가 뿌리를 갉아 먹어 마늘이 시든다.

품종

우리나라 마늘은 따뜻한 지방에서 잘 되는 마늘과 추운 지방에서 잘 되는 마늘이 있다. 따뜻한 곳에서 심는 마늘은 가을에 심어 뿌리와 싹이 어느 정도 자라서 겨울을 난다. 경남 남해나 전남 고흥에서 많이 심는다. 추운 지방에서 심는 마늘은 싹이 돋지 않은 채 겨울을 나고 봄이 되면 싹이 튼다. 따뜻한 곳에서 심는 마늘보다 오래 두고 먹을 수 있고, 마늘통이 더 크지만 알 수는 더 적다. 충남 서산, 경북 의성, 강원 삼척, 충북 단양에서 많이 심는다. 추운 곳에서 나는 마늘은 마늘 한 톨에 여섯 쪽이 들어 있다.

옛 책

《증보산림경제》에는 "기름지고 부드러운 땅이 좋다. 희고 부드러운 땅이 가장 좋고 그다음으로 검고 부드러운 땅이 좋다. 딱딱하고 굳은 땅은 마늘이 맵고 뿌리가 작다."라고 했고, "음력 9월 초에 마늘쪽을 촘촘히 심는데 겨울에 추우면 곡식이나 피 따위로 덮어 준다. 그러지 않으면 얼어 죽는다. 음력 2월에 쟁기로 땅을 두어 차례 갈고 거름을 많이 퍼준 뒤, 나무망치로 땅에 구멍을 파서 한 구멍에 한 그루씩 옮겨 심고 가물면 물을 대 준다." "음력 5월 하지에 마늘을 캔다. 일찍 거두면 껍질이 빨갛고 쪽이 단단하다. 늦게 거두면 껍질이 부서지기 쉽다."라고 했다.

쓰임

마늘은 날로 먹으면 맛이 아리고 맵고 쓰리다. 더러 날로 먹기도 하지만 많이 먹으면 속이 쓰리기 때문에 조심해야 한다. 이럴 때는 굽거나 쪄 먹으면 매운맛이 덜해서 한결 먹기 좋다. 마늘은 짓찧어서 양념으로 많이 쓴다. 온갖 음식에 양념으로 들어간다. 비린 맛을 없애고 음식 맛을 돋우고 입맛이 돌게 한다. 통째로 장아찌나 술을 담그기도 한다. 비늘줄기뿐 아니라 어린잎이나 줄기나 꽃대도 좋은 반찬거리가 된다. 봄에 올라온 꽃대를 뽑으면 마늘종이다. 날로 먹거나 볶거나 장아찌를 만들어 먹는다.

마늘은 아주 옛날부터 약으로 써 왔다. 지치고 힘들 때 먹으면 힘이 나고, 피가 잘 돌고, 여러 나쁜 병균을 없애고, 몸속에 사는 기생충을 없앤다. 하루에 마늘 한 쪽을 먹으면 암이 안 생긴다고 한다. "3월에는 파를 먹고 5월에는 마늘을 먹으면 의사가 할 일이 없어진다."라는 말이 있을 정도다. 《동의보감》에서는 "종기를 없애고 몸에 바람이 들고 축축해서 뼈마디가 쑤시는 것을 낫게 하고 나쁜 기운을 없앤다. 아랫배가 차갑고 몸에 바람이 들어 생기는 병을 없앤다. 또 비장을 튼튼하게 하며 위를 따뜻하게 한다. 게우고 물똥을 싸면서 근육이 뒤틀리는 병을 낫게 한다. 돌림병을 막고 뱀이나 벌레에 물린 것을 낫게 한다."라고 했다. 마늘에서 짜낸 기름으로 '아노나민' 같은 약을 만든다. 술도 담가 먹는다.

생강 강, 새앙, 새양 *Zingiber officinale*

2005년 6월 전북 변산

생강과
키 40~80cm
심는 때 4월 말
꽃 피는 때 8~9월
거두는 때 10~11월

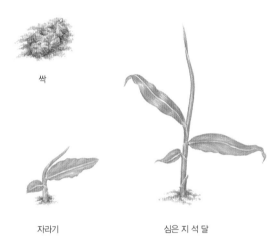

싹

자라기   심은 지 석 달

1. 생강 싹이 난 곳을 너덧 조각으로 잘라서 싹이 위쪽을 향하게
   심는다. 자른 조각마다 생강 눈이 서너 개는 있어야 한다.
2. 심고 나서 한 달은 넘게 기다려야 싹이 올라온다. 새싹은 손으로
   건드리면 톡하고 잘 부러진다. 싹이 올라올 때는 조심해서 만진다.
3. 심은 지 석 달쯤 지나면 줄기가 곧게 올라오고 끝이 뾰족한 잎이
   여러 장 뻗는다. 심은 지 다섯 달쯤 지나면 줄기가 30cm 넘게
   자란다.
4. 가을이면 다 자라서 줄기가 50~60cm는 된다. 잎 가장자리부터
   누렇게 마르기 시작하면 거둔다.

생강은 덩이줄기를 먹으려고 심어 기르는 여러해살이 채소다. 열대 지방이나 아열대 지방에서는 여러해살이풀이지만 우리나라에서는 겨울을 나지 못하기 때문에 해마다 새로 심는다.

생강은 인도와 중국에서 오랫동안 심어 길러 온 것으로 봐서 인도와 중국 남쪽 지방에서 자라던 풀로 짐작하고 있다. 중국에서는 기원전 200년 한나라 때쯤 펴낸 《예기》에 보면 공자가 생강을 자주 먹었다고 나온다. 6세기쯤에 펴낸 《제민요술》이라는 농사책에 생강 기르는 방법이 나온다.

우리나라에서는 《고려사》에 "고려 현종 때(1018) 생강을 신하에게 주었다."라고 나온다. 이로 미루어 보아 11세기 이전에 중국에서 생강이 들어와 길렀던 것 같다. 떠도는 이야기로는 1300년 전에 신만석이라는 사람이 중국 사신으로 갔다가 중국 봉성현에서 생강 뿌리를 얻어와 전라남도 나주와 황해도 봉산에 심었지만 키우는데 실패했다. 그 뒤 땅 이름에 '봉'자가 들어간 전라북도 완주군 봉동읍으로 내려와 다시 심었더니 잘 자랐다고 한다. 그래서 오늘날 봉동생강이 널리 알려졌다고 한다. 《동의보감》(1613)에는 한자 이름 '생강(生薑)'과 우리말 이름 '싱강'이 함께 나온다.

기르기와 거두기

생강은 따뜻한 날씨를 좋아한다. 봄에 심어 가을에 덩이줄기를 캐 갈무리한다. 더위에 강하고 그늘지고 물기가 많은 땅에 심어야 잘 자란다. 날씨가 따뜻하고 비가 많은 남쪽 지방에서 많이 심는다. 20~30도에서 잘 자란다. 15도 밑으로 떨어지면 자라지 않고, 10도 밑으로 떨어지면 얼어 죽는다. 봄에 심어 가을까지 오랫동안 자라야 덩이줄기가 굵어진다. 충남 서산과 전북 봉동 지역에서 가장 많이 심어 기른다. 《동의보감》에는 "우리나라 전주에서 많이 난다."라고 했다.

갈무리

생강은 색깔이 짙고 딴딴할수록 좋다. 생강을 캐어 커다란 동이에 흙을 담고 그 안에 묻는다. 겨울철에는 얼면 썩기 때문에 조금 축축하고 덥지도 춥지도 않은 곳에 둔다. 《증보산림경제》에는 "생강을 캐서 땅에 묻어 갈무리한다. 흙집 속에 겨나 쭉정이나 목화씨 껍질을 많이 넣어 두껍게 덮어 준다. 또 구멍을 뚫어서 공기가 드나들게 한다."라고 나온다.

병해충

생강은 큰 병에 걸리거나 벌레가 들끓지는 않는다. 가끔 뿌리썩음병에 걸린다. 이 병에 걸리면 잎이 누렇게 말라 죽는다. 또 도열병이나 흰별무늬병에도 걸린다. 생강은 한 밭에서 줄곧 심으면 병에 더 잘 걸린다. 그러니 밭을 돌려 가며 심는다. 생강은 싹이 아주 늦게 돋기 때문에 풀을 잘 뽑아 준다. 싹이 돋아날 때 밭에서 베어 낸 풀이나 짚을 덮어 주면 좋다.

품종

우리나라에서는 오랫동안 심어 왔지만 덩이줄기를 심고 꽃이 피지 않기 때문에 품종이 많지 않다. 생강 크기에 따라 작은 생강, 중간치 생강, 큰 생강으로 나눈다. 우리나라에서는 중간치 생강을 많이 심는다. 심는 곳 이름을 따 전주생강, 완주생강, 서산생강이라고 한다. 요즘에는 생강과 닮은 양하를 들여와 기르기도 한다.

옛 책

《증보산림경제》에는 "기름지고 고운 땅이 키우기에 좋다. 하얀 모래땅에 거름을 조금 섞어서 심는다. 또 물가 땅을 뒤집어 나온 까만 모래흙이 가장 좋다. 밭을 갈 때는 깊이 갈고 흙을 2~3치 두께로 덮어 준다. 청명 3일 뒤에 심는다. 누에똥과 두엄과 재를 거름으로 준다. 좋지 않은 땅에는 소똥으로 두툼하게 북을 돋워 주고 물을 준다."라고 하며 "생강은 추위와 더위를 견디지 못하므로 상강 뒤에는 줄기를 베어 낸다."라고 했다.

쓰임

생강은 냄새를 맡아 보면 코를 톡 쏘는 매운 내가 난다. 맛도 알싸하다. 하지만 생강 냄새는 비린내나 누린내를 없애고 나쁜 균을 없앤다. 그래서 생선찌개나 돼지고기 음식에 넣는다. 또 김치나 물김치를 담글 때 넣으면 젓갈 비린내를 잡아 주고 시원한 맛이 난다. 과자를 만들거나 달이거나 설탕에 재웠다가 차로 먹기도 한다. 술을 담그기도 한다. 양념으로 넣으면 소화가 잘되고 입맛을 돋운다. 《증보산림경제》(1766)에는 생강 싹이 두어 치쯤 자랐을 때 잘라서 장아찌를 만들면 좋다고 나온다.

생강은 아주 오래전부터 약으로도 써 왔다. 달이거나 즙을 내어 생강차를 끓여 먹으면 좋다. 생강은 성질이 따뜻하다. 위를 튼튼히 하고 몸을 따뜻하게 하는 약효가 들어 있다. 그래서 겨울 감기에 아주 좋다. 기침이나 감기몸살, 목 아픔을 누그러뜨려 준다. 또 나쁜 균을 없애는 힘이 세서 장티푸스와 콜레라에 걸렸을 때 먹어도 좋다. 그래서 옛날에는 겨울이면 집집마다 부엌 바닥에 생강을 몇 덩이쯤 묻어 두고 감기약으로 썼다.

《동의보감》에는 "성질이 조금 따뜻하다. 맛이 맵지만 독이 없다. 오장으로 들어가고 가래를 삭이며 기를 내리고 토하는 것을 멎게 한다. 또한 몸에 바람과 찬 기운이 들어 몸이 오싹오싹 추우면서 열이 나고 온몸이 쑤시는 병을 낫게 한다. 습기를 없애고, 딸꾹질하며 기운이 치미는 것과 숨이 차고 기침하는 것을 낫게 한다. 성질은 본디 따뜻하지만 껍질은 성질이 차다. 그래서 뜨겁게 하려면 반드시 껍질을 벗기고, 차게 하려면 껍질째 쓴다."라고 썼다. 하지만 성질이 따뜻해서 몸에 열이 많거나 피부병이 있는 사람은 많이 안 먹는 것이 좋다고 나온다.

말린 생강은 "성질이 몹시 뜨겁다. 맛은 맵고(쓰다고도 한다) 독이 없다. 오장육부를 잘 통하게 하고 팔다리와 뼈마디를 잘 놀릴 수 있게 한다. 몸에 바람이 들고, 한기가 들고, 습기가 차 생기는 병을 고친다. 음식을 먹고 체해서 토하고 설사하고 명치가 아픈 것과 이질을 낫게 한다."라고 나온다.

양파 옥파, 둥굴파, 주먹파 *Allium cepa*

2004년 6월 전북 변산

백합과
키 1m 안팎
씨 뿌리는 때 8월 말
모종하는 때 10월 중순
꽃 피는 때 이듬해 여름 들머리
거두는 때 이듬해 5월 말

씨   싹

모종 심기

겨울나기

자라기   거둘 때

1. 밭에 10cm쯤 띄워서 씨를 심은 뒤 흙을 얕게 덮고 물을 흠뻑 준다.
   씨를 뿌리고 대엿새가 지나면 싹이 올라온다.

2. 씨를 뿌리고 한 달 반쯤 지나면 옮겨 심는다. 땅이 얼기 전에
   심는다. 옮겨 심기 전에 밭에 거름을 많이 준다.

3. 잎 끝이 누렇게 말라서 겨울을 난다. 깻묵이나 짚을 덮어 준다.

4. 이듬해 5월이면 비늘줄기 알이 땅 위로 올라온다. 양파 줄기가
   60~70%가 쓰러지면 한꺼번에 뽑아 거둔다.

양파는 밭이나 논에 심어 기르는 두해살이 비늘줄기 채소다. 우리가 먹는 양파는 둥그렇게 생긴 땅속 비늘줄기다. 처음 어디에서 자라던 풀이었는지는 아직까지 밝혀지지 않았다. 아직 저절로 자라는 양파를 찾아내지 못했기 때문이다. 그래서 이란과 파키스탄 서쪽이라고도 하고, 이란 북쪽과 알타이 지방이라고도 하고, 중앙아시아와 지중해에서 자라던 풀이라는 이야기도 있다.

양파는 마늘과 함께 가장 오래전부터 길러온 식물이다. 기원전 5000년 이전에 프러시아에서 양파를 부적으로 썼다고 한다. 기원전 4000년에는 이집트에서 피라미드를 지을 때 사람들이 먹었고, 이집트 무덤 벽화에도 나온다. 그리스에서는 기원전 7~8세기부터 심어 길렀고, 인도에서는 기원전 6세기에 펴낸 의학 책에 약초로 나온다. 로마 시대에는 심어 길렀다. 그러다가 중세에 들어온 유럽에 널리 퍼졌다. 1347년 온 유럽에 역병이 돌 때 역병을 막는 약초로 먹었다. 이때는 단 양파와 매운 양파가 있었는데, 유럽에서는 '단 양파', 동유럽에서는 '매운 양파'를 심었다. 러시아에는 12~13세기에, 미국에는 16세기가 되어서야 매운 양파와 단 양파가 퍼졌다.

중국에는 중동이나 인도에서 들어온 것으로 여겨진다. 6세기에 쓴 《제민요술》이라는 농사책에 양파 기르는 이야기가 나온다. 하지만 우리나라와 일본은 한참 뒤에 들어왔다. 일본에는 19세기에 미국에서 들어와 길렀다. 우리나라에는 1908년 《한국중앙농회보》에 처음으로 양파가 나온다. 이때쯤 뚝섬에서 처음 심어 기르기 시작했다. 미국과 일본에서 들어와 길렀다.

기르기와 거두기

양파는 마늘처럼 겨울을 나는 채소다. 가을 들머리에 심어서 추운 겨울을 나고 이듬해 여름 들머리에 뽑아 먹는다. 서늘한 날씨를 좋아하고 추위도 잘 견딘다. 4도만 되어도 싹이 트고, 12~20도에서 잘 자란다. 햇빛을 많이 받아야 땅속 비늘줄기 알이 굵어진다. 우리나라 남쪽 지방에서 많이 기른다.

갈무리

양파는 비늘줄기를 캐낸 뒤 줄기를 잘라 내고 망에 넣는다. 바람이 잘 통하고 서늘한 곳에 걸어 두면 오래 두고 먹을 수 있다. 축축한 곳에 두면 뿌리와 싹이 돋아나서 맛이 떨어진다. 이럴 때는 부젓가락을 달구어 양파 뿌리를 지지면 뿌리와 싹이 안 나고 썩지 않는다. 싹이 난 양파는 다시 밭에 심어도 된다.

여름까지 안 뽑고 그대로 두면 꽃대가 길게 올라온다. 꽃대 끝에서 자잘한 꽃이 둥글게 무더기로 핀다. 꽃이 지면 씨를 거둔다. 하지만 씨는 바로 싹이 안 트고 서너 달 잠을 잔다. 그 뒤에 심어야 싹이 튼다.

병해충

양파는 싹이 나서 자랄 때 모잘록병에 많이 걸린다. 또 잎이 노균병, 백색역병, 잎마름병, 탄저병, 잿빛썩음병에 걸려 말라 죽는다. 비늘줄기에는 마른썩음병, 무름병 따위가 걸린다. 한곳에서 양파를 오래 기르면 병에 더 잘 걸린다. 밭을 여러 군데 돌려 가며 심는 것이 좋다. 또 파좀나방 애벌레는 잎을 갉아 먹고, 알뿌리꽃 등에 애벌레는 비늘줄기를 파먹는다.

품종

양파는 우리나라에 들어온 지 얼마 안 되기 때문에 토박이 양파는 없다. 지금 키우는 양파는 미국이나 일본에서 기르던 양파다. 처음에 들어온 종은 '천주황'이라고 한다. 1962년부터 우리나라에 맞는 품종을 기르기 시작해서 지금은 패총왕, 천주황, 담로중갑, 금정조생, 천주대고, 올배기황, 서울대고, 창녕청백, 창녕초황 아홉 품종이 있다.

양파는 맛에 따라 단 맛이 나는 양파와 매콤한 양파가 있다. 또 양파 색깔에 따라 흰 양파, 누런 양파, 빨간 양파가 있다. 누런 양파를 온 세계에서 가장 많이 기른다. 흰 양파는 빨리 거두지만 쉽게 썩어 오래 두기 힘들다. 빨간 양파는 매운 맛이 더 세다. 양파 생김새에 따라 둥근 꼴, 둥글납작한 꼴, 긴둥근꼴, 원뿔꼴 따위가 있다.

쓰임

양파는 톡 쏘는 매운맛 때문에 온갖 음식에 양념으로 쓰인다. 고기나 생선과 함께 익히면 누린내나 비린내를 없애 준다. 장아찌를 담그거나 그냥 고추장이나 된장에 찍어 먹기도 한다. 날양파는 껍질만 까도 눈물이 날 만큼 맵다. 하지만 익히면 매운 내와 맛은 감쪽같이 사라지고 달짝지근한 맛이 난다. 우리나라 사람들은 국이나 찌개에 넣고 기름에 볶아 먹고 날것 그대로 먹거나 구워 먹는다. 양파를 가루 내어 빵이나 과자를 만들 때 넣기도 한다. 서양 사람들은 양파를 수프, 오믈렛, 크로켓, 햄버거, 피클, 피자 따위에 넣어 먹는다. 양파를 먹고 나는 냄새를 없애려면 신맛이 나는 과일이나 식초나 우유를 먹으면 된다.

양파가 가진 매운 성분은 몸에 땀이 나게 하고 오줌이 잘 나가게 하고 소화가 잘 되게 돕는다. 또 피가 맑아지고 피를 잘 돌게 해서 피가 엉겨 붙어 막히거나, 동맥이 딱딱하게 굳거나, 혈압이 높은 사람에게 좋다. 이 성분은 나쁜 병균을 죽이는 힘도 세다. 양파를 자주 먹으면 머리카락이 덜 빠진다. 양파 껍질은 깨끗이 씻어서 차로 달여 먹거나 멸치와 다시마를 넣고 국물을 낼 때 함께 넣으면 국물 맛이 더 좋아진다.

토란 토련, 토지 *Colocasia esculenta*

2005년 9월 서울 마포 성산동

천남성과
키 80cm 안팎
심는 때 4월 중순~5월 중순
꽃 피는 때 8~9월
거두는 때 9월 말~10월 중순

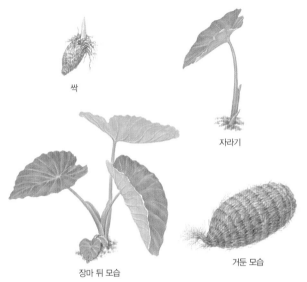

싹

자라기

장마 뒤 모습

거둔 모습

1. 씨눈을 위로 가게 해서 한 알씩 심는다. 잎이 크게 자라기 때문에
   사이를 40~50cm쯤 띄운다. 한 달쯤 지나면 싹이 튼다.

2. 토란은 이른 아침이나 비가 내린 뒤 김을 맨다. 한낮에 김을 매면
   시든다. 뿌리 옆 흙을 푸석푸석하게 호미질하면 알이 크고
   많아진다.

3. 장마가 지나면 쑥쑥 큰다. 덩이줄기가 새끼를 쳐서 잎이 올라올 때
   잘라 내면 알이 더 굵어진다. 여름에 줄기를 거둬 나물로 먹는다. 9월
   말쯤부터 아래 잎이 누렇게 시들면 서리 내리기 전에 알을 거둔다.

토란은 잎자루나 덩이줄기를 먹으려고 심어 기르는 여러해살이 풀이다. 본디 인도 벵골만과 히말라야 산맥, 말레이시아, 인도네시아, 중국 남쪽에서 자라던 풀이다. 벼보다 더 먼저 사람들이 길러 먹었다. 말레이 사람들이 섬을 옮겨 다니면서 남태평양과 오세아니아 섬까지 퍼뜨렸다. 서쪽으로는 기원 초쯤에 이집트에 퍼졌고, 지중해를 따라 이탈리아와 스페인으로 퍼졌다. 그 뒤로 아프리카 온 지역에 퍼졌다. 아프리카 사람들을 미국에 노예로 데려갈 때 토란도 함께 퍼졌다. 중국에는 기원전 1세기에 펴낸 《범승지서》라는 농사책에 토란을 가꾸는 방법이 나온다. 또 6세기에 펴낸 농사책인 《제민요술》에 벌써 14종이 있다고 나온다. 일본에 퍼진 것은 기원전 5000~4000년쯤이라고 짐작하고 있다. 우리나라에서는 언제부터 길렀는지 뚜렷하지 않다. 중국에서 기른 때와 일본에 퍼진 때를 보면 우리나라에서도 아주 오래전부터 기른 것 같다. 하지만 고려 때 펴낸 약초책인 《향약구급방》 (1236)에 처음 나온다. 《동의보감》(1613)에는 '우자(芋子), 토란'이라고 한자 이름과 우리말 이름이 나온다.

기르기와 거두기

토란은 여러해살이풀이다. 하지만 열대 지방 풀이라 우리나라에서는 겨울에 덩이줄기가 언다. 그래서 가을에 거둬서 이듬해 봄에 다시 심는다. 눅눅한 땅을 좋아해서 우물가나 도랑가에 많이 심는데, 메마른 땅에서도 잘 자란다. 15도가 넘으면 싹이 트고, 25~30도일 때 잘 자란다. 서리가 내리기 전에 거둔다.

갈무리

토란은 기온이 5도 밑으로 내려가면 썩는다. 그래서 추운 지방에서는 갈무리해 두기가 어렵다. 따뜻한 지방에서는 땅을 파고 겨나 짚을 깐 뒤 토란을 넣고 다시 짚을 덮어 준다. 그 위로 흙을 20cm쯤 덮고, 빗물이나 눈 녹은 물이 안 들어가도록 해 준다. 《색경》에는 "서리가 내린 뒤 토란줄기를 잘라 낸다. 소금물로 데친 뒤 볕에 쬐어 말린다. 겨울철에 볶아 먹으면 그 맛이 부들 순보다 낫다."라고 나온다. 《임원경제지》에는 "씨알로 쓸 토란을 땅에 묻어 겨우내 볏짚으로 덮었다가 이듬해 음력 2, 3월 사이에 꺼내 볕에 말린 뒤 모를 내면 이전과 똑같다."라고 했다.

병해충

토란은 크게 병이 들거나 벌레가 꼬이지 않는다. 가끔 잎이 모자이크병이나 오반병에 걸린다. 또 담배거세미나방 애벌레나 세줄박각시나방 애벌레, 목화진딧물이 꼬인다.

품종

토란은 오랫동안 길러 왔지만 꽃가루받이를 하지 않고 덩이줄기로 번식을 하기 때문에 품종이 많지 않다. 토박이 토란은 대가 풀빛이고 알이 작은 덩이줄기가 여러 알 달린다. 사람들은 흔히 밭에 심는 토란을 밭토란, 물가에 심는 토란을 물토란이라고 한다.

옛 책

《색경》에는 "토란은 모래가 섞인 하얀 흙에서 잘 자란다. 땅은 깊이 갈아야 한다. 음력 2월에 심어야 가장 좋고, 6~7치쯤 띄워 한 뿌리씩 심는다. 뙤약볕이 내리쬐면 키가 높이 크면서 무성하게 자라는데, 호미로 포기 옆을 자주 김맨다. 가을에 떡잎이 생기면 흙으로 그 뿌리를 북 돋워 주고 서리가 내린 뒤에 거둔다."라고 나온다. 《제민요술》에는 "물에서 가까운 곳에 있는 기름지고 푸석푸석한 흙에 부드러운 거름을 섞는다. 음력 2월에 비가 많이 오면 토란을 심어도 된다."라고 했다. 《임원경제지》에는 "음력 오뉴월에 흙을 일궈 뿌리를 북 돋운다. 그루마다 작은 언덕을 만들어 진한 거름을 두 번 준다."라고 나온다.

쓰임

토란 덩이줄기는 달걀처럼 동글동글하다. 토란이란 이름도 덩이줄기가 달걀을 닮았다고 붙었다. 덩이줄기를 캐서 토란국을 끓여 먹는다. 토란국은 송편과 함께 추석날 많이 먹는다. 잎자루는 토란대라고 하는데 껍질을 벗겨서 육개장이나 쇠고깃국에 넣어 먹거나 볶아 먹는다. 말려 두었다가 먹기도 한다. 아주 옛날부터 흉년이 들어 먹을 것이 없을 때 곡식으로 먹어 왔다. 하지만 토란은 독이 있다. 그래서 덩이줄기와 토란대는 물에 오랫동안 담가 독을 우려내고 먹는다. 토란을 소금물에 조금 삶으면 독성도 가시고 끈끈한 점액도 줄어든다. 덜 우려내고 먹으면 입안이 따끔따끔하고 아리다.

토란에는 비타민B_1, 비타민B_2가 들어 있어서 살결이 부드러워지고, 섬유질이 많아 소화가 잘 되게 돕고, 변비와 비만을 미리 막거나 고친다.

토란은 옛날부터 약으로도 써 왔다. 열을 내리고 염증을 가라앉히는 약으로 썼다. 홍역을 앓을 때 토란과 당근을 썰어 함께 삶은 물을 먹었고, 오줌이 시원찮게 나올 때 토란 삶은 물을 마시면 오줌이 잘 나온다. 또 토란을 짓찧어 밀가루와 섞은 뒤 임파선염, 피부염, 치질, 타박상, 벌레에게 물린 곳에 붙이면 좋다.

《동의보감》에는 "성질이 차지도 덥지도 않다(차다고도 한다). 맛이 맵고 독이 있다. 장과 위를 잘 통하게 하고 살이 찌고 살결이 좋아진다. 속을 부드럽게 하고 나쁜 피를 없애고 굳은살을 없앤다."라고 하면서 "날것은 독이 있기 때문에 목이 아려 먹을 수 없다. 익히면 독이 없어지고 몸을 튼튼하게 한다. 붕어와 같이 국을 끓여 먹으면 더 좋다."라고 썼다.

토란을 꺾으면 즙이 나오는데 살갗에 닿으면 가렵고 두드러기가 난다. 손이나 팔에 안 묻게 조심한다. 즙이 살갗에 닿았을 때는 식초물이나 소금물, 비눗물로 잘 닦아낸다. 옷에 즙이 묻으면 누렇게 얼룩져서 잘 안 빠진다.

뿌리채소

고구마

당근

무 _ 순무

우엉

고구마 감서, 남서, 단감자 *Ipomoea batatas*

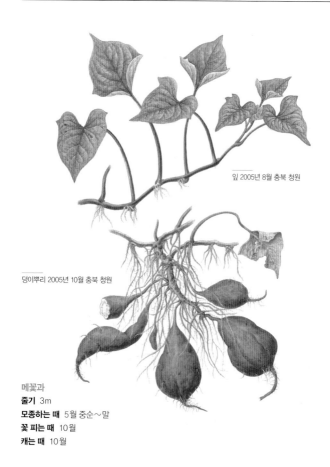

잎 2005년 8월 충북 청원

덩이뿌리 2005년 10월 충북 청원

메꽃과
줄기 3m
모종하는 때 5월 중순~말
꽃 피는 때 10월
캐는 때 10월

고구마 순 심기

고구마 달리기

고구마 여물기

거둔 모습

1. 고구마에 싹을 낸 뒤, 5월에 잎이 여섯 장쯤 달려 있는 줄기를
   잘라서 밭에다 옮겨 심는다. 옮겨 심으면 물을 듬뿍 준다.
2. 순을 내고 두 주쯤 지나면 땅속에 묻힌 줄기에서 뿌리가 나온다.
   땅 위쪽 줄기는 길게 뻗어 나가기 시작한다. 여름 내내 알이
   굵어진다. 이때 어지럽게 뻗은 줄기를 잘라 나물로 먹는다.
3. 잎이 누렇게 시들면 서리 내리기 전에 상처가 안 나게 호미질을
   해서 고구마를 캔다.

고구마는 밭에 심어 기르는 여러해살이 뿌리채소다. 우리가 먹는 고구마는 덩이뿌리다. 본디 멕시코와 남아메리카에서 자라던 식물이다. 여기 사람들은 기원전 3000년쯤부터 심어 길러온 것 같다. 15세기에 콜럼버스가 스페인으로 가져간 뒤 온 유럽으로 퍼졌다.

우리나라에는 영조 때(1763년) 들어왔다. 조엄이 통신사로 뽑혀 일본으로 가던 길에 대마도에서 고구마를 처음 보고, 몇 말을 부산으로 보냈다. 이때 고구마 갈무리하는 법과 기르는 법을 자세히 적어 보냈다고 한다. 그 뒤로 동래부사였던 강필리가 고구마를 기르는 데 처음 성공했다. 이 결과를 《강씨감저보》(1766)라는 책으로 펴냈다. 이 책이 우리나라에서 맨 처음 고구마를 다룬 책이다.

우리나라 옛 농사책에는 고구마가 '감저(甘藷)'라고 나온다. 옛날에 감저는 고구마였지만 지금은 감자가 되었다. 고구마라는 이름은 일본 사람들이 '고귀위마(古貴爲麻)'라고 부르던 이름이 바뀐 것이다.

기르기와 거두기

고구마는 따뜻한 날씨를 좋아한다. 씨나 뿌리를 심지 않고 순을 틔워 줄기를 잘라 심는다. 이른 봄 해가 잘 드는 곳에 구덩이를 깊게 파고 거름을 듬뿍 준 뒤 심는다. 그리고 왕겨나 짚을 덮어 두면 싹이 튼다. 4~5월쯤 되면 줄기가 한 뼘쯤 자라는데, 이 순을 잘라서 밭에 심는다. 이렇게 고구마 순을 밭에다 심는 것을 '고구마 순 낸다'고 한다. 고구마는 순을 심어야 덩이가 굵게 열린다.

자주색 고구마 줄기는 땅 위를 이리저리 어지럽게 기면서 자란다. 줄기가 땅으로 뻗어 나가며 줄기 마디에서 뿌리가 내린다. 뿌리에서 고구마가 달려 굵어진다. 기르기 알맞은 온도는 22~35도이고, 15도 아래로 기온이 내려가면 크지 않는다. 첫 서리가 내리기 전에 거둔다. 서리를 맞으면 고구마가 썩어서 못 먹게 된다. 꽃이 거의 안 피지만 가끔 늦가을에 메꽃을 닮은 옅은 분홍색 꽃이 핀다.

갈무리

고구마는 물기가 생기면 금세 썩는다. 마른 종이 상자에 차곡차곡 담아 놓으면 오래 두고 먹을 수 있다. 상처 난 고구마가 있으면 곁에 있는 것까지 모두 썩어 버리니까 골라내고 담는다. 고구마는 열대작물이어서 10~17도가 알맞다. 9도 밑으로 내려가면 썩기 쉽고, 온도가 높으면 싹이 나기 쉽다. 《행포지》에는 "고구마 씨알을 갈무리하기가 가장 어렵다. 축축하면 문드러져 죽고 메마르면 말라 죽고 뜨거우면 떠서 죽고 추우면 얼어 죽는다. 오직 콩을 털고 난 콩깍지는 축축하지도 메마르지도 않고 뜨겁지도 차갑지도 않아서 고구마 씨알을 갈무리할 수 있다."라고 나온다.

병해충

고구마는 별다른 병해충 피해를 안 입는다. 드물게 줄기와 잎자루가 밤색으로 바뀌면서 포기 전체가 시들고 말라 죽는 덩굴쪼김병이나 검은무늬병에 걸린다.

품종

우리가 먹는 고구마에는 밤고구마, 호박고구마, 물고구마, 자주고
구마가 있다. 밤고구마를 찌면 보드라우면서 팍팍하다. 호박고구
마는 호박처럼 속이 노랗고, 물고구마는 찌면 물컹물컹하며 찐득
한 단물이 나온다. 자주고구마는 겉과 속이 모두 자줏빛이다.

고구마는 우리 땅에서 기른 시간이 그리 오래 되지 않아 토박이
고구마가 많지 않다. 그나마 진도와 해남, 백령도, 정읍, 제주, 당
진에서 토박이 고구마가 난다.

옛 책

《북학의》에는 고구마가 구황 식물로 으뜸가는 곡식이라고 나온
다. 《임원경제지》에는 "고구마는 반드시 높고 평평하고 기름지고
햇볕이 잘 드는 모래땅에 심는다. 만약 땅이 단단하게 굳었으면
거름을 주어 흙을 부드럽게 일궈야 좋다. 고구마는 축축한 땅을
싫어하기 때문에 낮고 축축한 땅만 아니면 된다."라고 했다. 또
"고구마 싹은 음력 2~3월부터 7~8월까지 모두 심을 수 있다. 다
만 씨알 크기가 다를 뿐이다."라고 했다. 그리고 "넝쿨이 무성하게
자라기를 기다렸다가 줄기를 잘라서 다른 곳에 꺾어 심으며 곧 다
시 살아나서 본줄기와 다름없이 자란다."라고 했다.

《증보산림경제》에는 "고구마를 심을 때는 본줄기가 이어진 쪽은
흙 위로 올라오게 하고, 가는 수염뿌리가 있는 쪽은 땅 밑으로
들어가게 비스듬히 눕혀 심는다."라고 나온다. 또 "어느 땅에서나
잘 자라고, 비바람에도 끄떡없고, 다른 곡식이 흉년이어도 많이

거둘 수 있다. 또 크기가 커서 그릇 한가득 담을 수 있고, 술을 빚고, 가루를 내어 떡을 만들 수 있다. 날로 먹어도 익혀 먹어도 맛있다. 물 댈 걱정 없고, 가지와 잎이 우거지면 다른 풀이 못 자라 김매기 할 필요가 없고, 벌레가 어쩌지 못한다."라고 했다.

쓰임

고구마는 맛이 달아서 구워 먹거나 쪄 먹는다. 거의 탄수화물이어서 밥 대신 먹어도 배가 부르다. 《증보산림경제》에는 "곡식을 심는 것보다 스무 배나 더 낫다."라고 했다. 삶거나 굽거나 튀기거나 죽이나 수프를 만들어 먹는다. 연한 줄기와 잎자루는 나물로 많이 먹는다. 고구마를 갈아서 얻은 녹말가루로 식초나 술을 빚기도 하고 엿을 고고 묵을 쑨다. 고구마를 날것으로 그냥 먹어도 맛있다. 한겨울에 날로 깎아 먹으면 막 캤을 때보다 훨씬 더 달고 맛있다.

고구마에는 칼륨이 많이 들어 있다. 칼륨은 몸속에서 나트륨을 빠져나오게 한다. 그래서 고혈압을 막는다. 고구마를 많이 먹을 때는 김치랑 먹으면 좋다. 목도 덜 메고, 빠져나간 소금기도 보태준다. 섬유질이 많아서 소화가 잘 되고 똥이 잘 나오게 한다. 하지만 가스가 많이 생겨 방귀를 자주 뀌게 되는데 그럴 때는 사과를 함께 먹으면 좋다. 날고구마를 자르면 찐득찐득하고 하얀 진이 나온다. 이 진도 똥이 잘 나오게 하고 살결이 고와지게 한다. 하지만 고구마는 탄수화물이 많아서 살이 찐 사람이나 당뇨를 앓는 사람은 덜 먹는 것이 좋다.

당근 홍당무, 빨간무 *Daucus carota* var. *sativa*

2005년 8월 충북 청원

산형과
키 1m
씨 뿌리는 때 3월 말, 8월 초
꽃 피는 때 7~8월
뽑는 때 6월 말, 11월 말

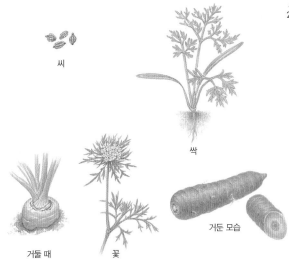

씨

싹

거둘 때

꽃

거둔 모습

1. 밭에 줄 사이를 30~40cm쯤 띄워 씨앗을 바로 줄뿌림한다.
   씨를 뿌리면 물을 흠뻑 준다.
2. 씨앗을 심고 열흘쯤 지나면 싹이 올라온다. 싹이 돋고 일주일쯤
   더 지나면 본잎이 올라온다. 이때쯤 촘촘하게 난 싹을 솎아 낸다.
3. 씨앗을 심은 지 한 달쯤 지나면 본잎이 서너 장 나오고 뿌리도
   굵어진다.
4. 심은 지 석 달쯤 지나면 잎이 밑으로 처지기 시작한다. 뿌리에서
   돋은 줄기 아래쪽이 옆으로 떡 벌어지면 뽑아 먹는다. 한여름이
   되기 전에 다 뽑는다.

당근은 밭에 심어 기르는 두해살이 뿌리채소다. 뿌리가 빨갛다. 무처럼 생긴 굵은 뿌리를 먹는다. 무와 닮아서 빨간무라고도 하고 홍당무라고 한다. 당근이라는 이름은 당나라에서 들어왔다고 붙은 이름이다.

당근은 본디 아프가니스탄 힌두쿠시 산에서 자라던 풀이라고 한다. 10세기쯤에 아랍에서 유럽으로 퍼졌다. 옛날 당근은 뿌리가 자색이고 가늘고 딱딱해서 먹기 안 좋았다고 한다. 요즘 기르는 빨간 당근은 17세기 중엽 네덜란드에서 처음으로 만든 품종이다. 영어 이름인 'Carrot'은 당근이 빨간 색깔이 나도록 하는 카로틴 (carotene) 때문에 붙은 이름이다.

중국에는 원나라(1280~1367) 초기에 중앙아시아에서 들어와 기르기 시작했다. 중국 약초책 《본초강목》을 쓴 이시진은 당근이 원나라 때 오랑캐 땅에서 들어왔다고 썼다. 중국에서는 오랑캐 땅에서 들어온 무라는 뜻으로 '호나복(胡蘿蔔)'이라고 했다. 이때부터 유럽에서 기르는 당근과 동양에서 기르는 당근이 달라졌다. 유럽 당근은 부드럽고 누런빛인데, 동양 당근은 단단하고 짙은 주홍빛이다.

우리나라에는 언제 들어왔는지 뚜렷하지 않다. 당나라에서 들어왔다고 당근이라고 했다지만 기록으로 보면 통일 신라 시대에 들어온 것 같지는 않다. 조선 후기 농사책인 《농정회요》(1830)에 처음 나온다.

기르기

당근은 봄, 가을 두 번 심어 거둘 수 있다. 봄에 씨앗을 뿌려 여름에 갈무리하고, 가을에 씨를 또 뿌려 겨울 들머리에 뽑아 먹는다. 겨울 당근이 더 맛있다. 서늘한 날씨를 좋아해서 16~20도일 때 잘 자란다. 28도 이상 온도가 올라가면 뿌리가 굵어지면서 생김새가 나빠지고 껍질이 거칠어진다. 또 잎이 안 자라고 병에 잘 걸린다. 당근은 무처럼 자라면서 뿌리가 흙 위로 올라온다. 제주도에서 가장 많이 심어 기른다.

갈무리

가을에 한꺼번에 거둔 당근은 양이 많아서 다 먹을 수 없다. 그때는 가을무와 함께 묻는다. 무를 꺼낼 때 같이 몇 개씩 꺼내면 이듬해 3월까지 먹을 수 있다. 묻어 둔 당근 가운데 싹이 돋아나는 당근을 한두 개 골라 두었다가 이듬해 봄에 심으면 씨앗을 받을 수 있다. 그때그때 쓸 당근은 신문지에 싸서 서늘하고 바람이 잘 통하는 곳에 둔다.

씨를 받으려면 가을 당근을 뽑지 않고 그대로 두면 시든 채로 겨울을 난다. 이듬해 봄이면 다시 줄기가 올라오고, 7~8월에 줄기 끝에서 자잘한 흰 꽃들이 모여서 핀다. 가을이면 꽃이 시고 씨앗이 여문다. 《농정회요》에는 "씨를 거두려면 이듬해 우산처럼 무더기 지어 작은 흰 꽃이 필 때까지 남겨 둔다. 씨는 사상자와 닮았는데 조금 길고 털이 있고 밤색이다."라고 나온다.

병해충

당근은 병에 잘 안 걸린다. 하지만 가끔 곰팡이에 의해서 무름병에 걸린다. 또 검은잎마름병, 뿌리혹병, 모자이크병에 걸린다. 병에 걸리면 이듬해에는 다른 밭에 심어야 병에 덜 걸린다.

산호랑나비 애벌레가 늦봄과 여름 들머리에 자주 나타나 줄기와 잎을 갉아 먹는다. 뿌리에는 뿌리썩이선충이나 뿌리혹선충이 들어와 해를 끼친다. 뿌리에 혹이 생기거나 뿌리가 녹아 없어진다.

품종

당근에는 서양종과 동양종이 있는데, 같은 품종이라도 기를 때 온도에 따라서 엉뚱한 다른 품종이 된다.

당근은 뿌리 크기에 따라 작은 종, 중간 크기 종, 큰 종이 있다. 지름이 3cm 안팎이고 공처럼 둥근 당근, 뿌리 길이가 9cm쯤인 세 치 당근, 15cm 안팎인 다섯 치 당근, 지름이 4~5cm이고 길이가 50cm까지 크는 롱오렌지(long orange)종이 있다. 우리나라에서는 세 치 당근과 다섯 치 당근을 많이 심어 기른다. 《농정회요》에는 누런 당근과 빨간 당근 두 가지가 있다고 했다.

옛 책

《농정회요》에는 "큰 것은 손아귀에 그득 차며 겨울에 파낸다. 날 것이나 익은 것이나 다 먹을 수 있어 과일도 되고 채소도 된다."라고 나온다. 《임원경제지》에는 "당근을 삼복 안에 이랑에 심거나 좋은 땅에 흩뿌려 심는다."라고 하면서, "자주 물을 주면 자연스럽게 굵고 커진다."라고 나온다.

쓰임

당근 뿌리는 발갛다. 날로 먹으면 아삭아삭하고 단맛이 돈다. 날것으로 먹어도 좋고 삶아 먹어도 좋다. 갈아서 주스나 죽을 만들어 먹기도 한다. 아이들 이유식에 넣으면 좋다. 당근에는 비타민A가 많이 들어 있어 눈이 밝아지고 피로가 풀린다. 비타민A는 기름에 잘 녹기 때문에 기름을 넣고 살짝 익혀 먹으면 더 좋다. 또 피를 잘 돌게 해서 빈혈에 좋다. 천식에도 좋고 암을 막는데도 도움을 준다. 또 당근 씨는 음식에 넣어 향을 곁들이기도 하고, 기생충을 없애는 약으로 쓴다.

그런데 당근에는 비타민C를 없애는 성분이 있다. 그래서 비타민C가 많이 든 오이 같은 채소와는 함께 안 먹어야 좋다. 옛날에는 당근을 말 먹이인 줄 알고 사람들이 잘 안 먹었다. 어린잎은 날것으로 먹거나 튀겨 먹어도 좋다. 냄새가 알싸하다.

《농정회요》에는 "맛이 달고 맵고 독이 없다. 기를 내리고 속이 든든해진다. 가슴을 이롭게 하고 오장을 편안하게 다스린다. 사람이 먹으면 건강해지기 때문에 이롭기만 할 뿐 손해는 없다."라고 썼다. 또 씨는 이질에 걸렸을 때 약으로 쓴다고 나온다.

무 무꾸, 무시, 무수 *Raphanus sativus*

2012년 11월 인천 강화

십자화과
키 60~100cm
씨 뿌리는 때 3~4월,
8월 중순~9월 초
꽃 피는 때 4~5월
거두는 때 5~6월,
11월 중순~12월 초

총각무

열무

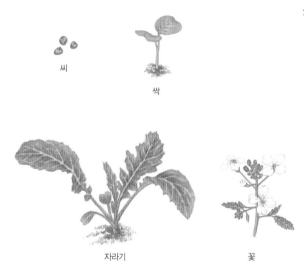

씨

싹

자라기

꽃

1. 밭에 바로 씨앗을 줄뿌림한다. 씨앗을 심은 지 일주일이 채 되기
   전에 싹이 올라온다.
2. 씨앗을 심은 지 한 달 넘게 지나며 본잎이 네댓 장 나오고 뿌리가
   굵어지기 시작한다. 이때까지 두세 번쯤 싹을 솎아 낸다.
3. 씨앗을 심고 두 달이 넘으면 뿌리가 굵고 통통해진다.
4. 서리가 내리기 전에 무를 뽑는다.
5. 가을무를 안 뽑고 그대로 두면 이듬해 4~5월에 꽃이 핀다.
   꽃이 지면 열매가 여문다. 이때 씨를 받는다.

무는 뿌리나 잎을 먹으려고 심어 기르는 두해살이 채소다. 뿌리는 굵직하고 우람하며 살과 물이 많다. 무는 아주 오래전부터 길러왔다. 본디 중앙아시아에서 자라던 풀인데, 동서로 퍼져 지중해 지방과 중국에서 길렀다. 6000년 전 이집트에서 피라미드를 만드는 사람들에게 먹였다고 한다. 6세기에 중국에서 펴낸 가장 오래된 농사책인 《제민요술》에 순무와 무를 심고 가꾸는 이야기가 나온다.

우리나라에 언제 들어왔는지는 확실하지 않다. 아마도 통일 신라 시대에 중국에서 들어왔다고 짐작하고 있다. 배추보다 천 년쯤 빨리 들어온 것 같다. 무는 고려 때 펴낸 약초책인 《향약구급방》(1236)에 처음 나온다. 이때는 무를 '라복(蘿葍)'이라고 했다. 《동의보감》(1613)에는 '내복(萊菔)'이라고 하고 우리말 이름으로 '댄무우'라고 했다. 무를 내복이라고 한 까닭은 밀에 있는 독성을 없애고 이길 수 있다는 뜻이라고 한다. 한글 이름은 '댓무우 - 댄무우 - 단무우 - 무우'를 거쳐 지금은 '무'라고 한다.

기르기

무는 서늘한 날씨를 좋아한다. 알맞은 온도는 15~25도이고, 20도 안팎일 때 가장 잘 자란다. 김장무는 8월 중순이나 하순에 씨를 뿌려 11~12월에 거둔다. 서리를 맞으면 무에 바람이 들기 때문에 그전에 뽑는다. 3~4월에 씨를 뿌려 오뉴월에 거두는 봄무, 오뉴월에 씨를 뿌려 7~8월에 거두는 여름무도 있다.

갈무리

무는 잎을 잘라 내고 땅에 묻거나 상자에 넣어 놓으면 겨우내 먹을 수 있다. 땅에 묻을 때는 물이 안 고이는 땅을 고른다. 땅을 50cm쯤 파고 짚을 켜켜이 깔면서 무를 넣고 흙을 20cm넘게 덮는다. 뿌리와 줄기를 칼로 잘라낼 때 뿌리 쪽이 잘려나가지 않게 조심한다. 무 위쪽이 다치면 짓무를 수 있다. 《산림경제》에는 "뿌리 위쪽 껍질은 안 다치게 하고 뜨거운 쇠로 뿌리 위를 지져서 움속에 넣는다. 그러면 봄이 되어도 싹이 안 나고 무에 바람이 들지 않아서 마치 새로 캐낸 것 같다. 음력 2월에 움에 묻어둔 무 가운데 알찬 뿌리를 꺼내 기름진 땅에 심으면 오뉴월에 씨를 얻을 수 있다."라고 했다.

병해충

무는 같은 밭에서 줄곧 기르면 벌레가 많이 꼬인다. 진딧물, 배추벌레, 좁은가슴잎벌레, 벼룩잎벌레 따위가 많이 나타난다. 자주 걸리는 병에는 모자이크병, 검은잎썩음병, 무름병 따위가 있다. 검은잎썩음병에 걸리면 서늘한 가을에 뿌리 안쪽과 잎맥이 까맣게 바뀐다. 무름병에 걸리면 뿌리가 물러진다.

품종

토박이 무에는 서울무, 진주대평무, 중국청피 따위가 있다. 일본에서 들어온 무는 아주 길쭉해서 단무지를 만든다. 요즘에서 서양에서 들어온 무도 있다. 무를 심는 때에 따라 가을무, 봄무, 여름무 따위가 있다. 또 한 달이면 심어 거두는 20일무, 40일이면 거두는 40일무도 있다. 쓰임새에 따라 동치미를 담그는 동글동글하고 작은 성호원종, 깍두기를 담그는 밑이 둥글게 퍼지고 단단한 서울무, 경북 울산무, 총각김치를 담그는 잎이 달린 총각무가 있다. 또 색깔이 하얀 무뿐만 아니라 빨간무, 검정무도 있다. 우리는 흔히 김장무, 순무, 총각무, 열무 따위로 나눈다.

옛 책

《한정록》(1610)에는 "무는 달마다 씨를 뿌려 달마다 먹을 수 있다."라고 하였다. 《색경》(1696)에는 "모래가 있는 부드러운 땅에 심는다. 음력 5월에 쟁기로 밭을 대여섯 번 갈고 음력 6월 6일에 심는다. 김을 많이 매고, 촘촘하면 솎아 내어 성글게 해 준다. 음력 10월에 거두어서 움에 갈무리한다."라고 했다. 《증보산림경제》(1766)에는 "음력 2월 초에 흩뿌리면 음력 3월 중순에 먹을 수 있다. 음력 5월 초에 심으면 음력 6월 중순에 먹을 수 있다."라고 했다. 또 "무는 듬성듬성 심는다. 촘촘하게 심으면 뿌리가 작아지기 때문에 솎아 낸다. 호미질을 많이 해 주어야 좋다. 심은 뒤에 재거름을 덮어 주고 가물면 자주 물을 준다.", "메밀과 함께 심어 기르면 둘 다 좋다."라고 했다.

쓰임

무는 날로 먹으면 사각사각 씹히며 알싸하고 시원한 맛이 난다. 배추와 함께 김장 재료로 많이 쓴다. 무 껍질에는 비타민C가 훨씬 더 많이 들어 있기 때문에 껍질을 벗기지 말고 깨끗이 씻어서 먹는 것이 좋다. 무를 넣고 국이나 찌개나 매운탕을 끓이면 맛이 시원해지고 비린내를 없애고 독을 없앤다. 무를 채 썰어 무생채를 담근다. 손가락 크기로 썰어 말려서 무말랭이를 만들어 두고 두고 먹을 수 있다. 무말랭이를 만들면 칼슘이 더 많아진다. 또 된장, 고추장 속에 박아서 무장아찌를 담그기도 한다. 무 잎은 잘 말려 시래기를 만들어 국을 끓이거나 삶아서 무쳐 먹는다. 또 무씨로 싹을 틔워 먹고, 무씨에서 기름을 짠다.

무는 밭에서 나는 산삼이라 할 만큼 몸에 좋다. 인삼에 있는 사포닌과 비타민, 소화가 잘되게 돕는 디아스타제, 칼슘 따위가 많이 들어 있다. 그래서 무를 먹으면 속병이 없다고 할 정도다. 위와 장이 튼튼해지고 소화가 잘 되고 열이 내리고 변비가 낫는다. 또 여러 가지 암을 막아 준다. 혈압을 낮추고 가래를 삭이고 기침을 멈추게 한다. 무를 갈아 뼈마디가 아픈 곳이나 종기에 바르면 좋다. 《동의보감》에는 "성질이 따뜻하다(차거나 평범하다고도 한다). 맛이 매우면서 달고 독이 없다. 음식을 잘 소화시키고 옆구리가 결리는 깃을 낫게 힌디. 목마름을 풀고 뼈마디를 잘 놀릴 수 있게 한다. 오장에 있는 나쁜 기운을 씻어 내고 피를 토하는 것과 몸이 허약해 여윈 것, 기침을 낫게 한다."라고 했으며, 메밀국수 독을 푼다고 했다. 하지만 지황을 약으로 먹는 사람은 무를 먹으면 안 된다.

순무 쉿무우, 쉿무수 *Brassica rapa*

2012년 11월 인천 강화

겨자과
키 30~60cm
씨 뿌리는 때 3월, 9월
꽃 피는 때 4월
거두는 때 5~6월, 10~11월

순무는 밭에 기르는 한두해살이 뿌리채소다. 이름에 무가 붙고, 생김새도 꼭 무처럼 생겼지만 사실은 배추와 더 가깝다. 원래 지중해 바닷가에서 자라던 풀이었다. 유럽에서는 기원전부터 심어 길렀고, 중국에서는 기원전에 펴낸 《시경》이란 책에, 일본에서는 720년에 펴낸 《일본서기》에 순무가 나온다. 우리나라에서는 고려 때 펴낸 《향약구급방》(1236)에 순무가 나오는데, 중국과 일본 기록을 살펴보면 삼국 시대 전부터 심어 기른 것 같다.

순무는 잎이나 뿌리 생김새가 무와 똑 닮았다. 뿌리는 하얗거나 자줏빛이 난다. 뿌리도 먹고 잎줄기도 먹는다. 뿌리를 날로 먹으면 알싸하고 매콤한 겨자 맛이 난다. 김치를 많이 담가 먹고 장아찌나 동치미를 담근다. 줄기는 시래기로 말렸다가 국을 끓여 먹는다. 암이 안 생기도록 막고, 기침을 멈추게 하고, 여러 가지 나쁜 균을 죽인다. 또 찧어서 멍이 들거나 종기가 생긴 곳에 발라도 잘 낫는다. 《동의보감》(1613)에는 "성질이 따뜻하다. 맛은 달고 독은 없다. 오장을 튼튼하게 만들고, 음식이 잘 소화되도록 돕고, 기를 내리고, 황달을 낫게 한다. 몸이 가벼워지고 기를 북돋는다."라고 했다. 그리고는 "봄에는 싹을 먹고 여름에는 잎을 먹고 가을에는 줄기를 먹고 겨울에는 뿌리를 먹는다. 흉년에는 곡식으로 먹는다. 채소 가운데 가장 좋다."라고 나온다. 또 순무 씨에서 기름을 짜 먹으면 눈이 밝아진다고 한다. 옛날에는 이 기름으로 등잔불을 밝혔다.

우엉 우웡, 우채, 우방 *Arctium lappa*

2013년 8월 경기 이천

국화과
키 150cm
씨 뿌리는 때 4월 말~5월 초,
9월 말~10월 초
꽃 피는 때 7~8월
거두는 때 7월 말~11월 말,
이듬해 5~7월

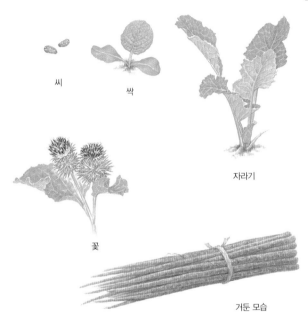

씨

싹

자라기

꽃

거둔 모습

1. 한 구덩이에 씨를 대여섯 알씩 심는다. 흙은 아주 살짝 덮어 준다.

2. 싹이 나면 솎아서 하나씩만 키운다.

3. 7월부터 뿌리를 캔다.

4. 겨울을 나고 이듬해 피는 꽃에서 씨를 받는다.

우엉은 밭에 심어 기르는 두해살이 뿌리채소다. 원래는 지중해 바닷가부터 서부 아시아까지 자라던 풀이라고 한다. 유럽과 시베리아와 만주에서는 산과 들에서 저절로 자라는 우엉을 볼 수 있다. 서양 사람들은 잡초로 여기고 먹지 않는다. 우리나라와 일본 사람들이 많이 먹는다. 중국에서는 오래전부터 약으로 써 왔다. 옛날 중국 약초책인 《명의별록》, 《도경본초》, 《본초강목》 같은 책에 뿌리와 줄기와 잎과 씨를 약으로 쓴다고 나온다. 《도경본초》에는 열매 껍질에 가시가 많아 쥐가 지나가다가 걸리면 가시에 찔려서 꼼짝 못한다고 이름을 '서점(鼠粘)'이라고 했다. 그 뒤 원나라 때 펴낸 농사책인 《농상집요》(1273)에 심고 기르는 이야기가 나온다.

우리나라에는 언제 들어왔는지 뚜렷하지 않다. 적어도 천 년 전에 중국에서 들어온 것 같다. 고려 때 펴낸 약초책인 《향약구급방》(1236)에 처음 나온다. 한자 이름으로 '우방(牛蒡)'이라고 하며 약으로 썼다. 우방이라는 이름이 바뀌어서 우엉이 되었다. 조선시대 농사책인 《산림경제》(1700), 《해동농서》(1798), 《임원경제지》(1842)에 심고 기르는 방법이 나온다. 또 《동의보감》(1613)에는 씨와 뿌리와 줄기를 약으로 쓴다고 나오고, 우리 이름으로 '우웡'이라고 했다.

기르기

우엉은 따뜻한 날씨를 좋아한다. 하지만 더위와 추위에도 잘 견딘다. 우리나라 어디에나 심어 기를 수 있다. 가장 알맞은 온도는 20~25도이다. 씨앗이 싹트려면 10도는 넘어야 한다. 봄과 가을에 심어 기른다. 여름에 캐는 우엉은 뿌리가 가늘어서 새우엉이라고 한다. 우엉은 뿌리가 아주 길게 뻗기 때문에 흙이 기름지고 깊고 부드러워야 한다. 또 물이 잘 빠져야 한다. 물이 고이면 뿌리가 잘 썩는다. 어른 키만큼 긴 것도 있다.

갈무리

우엉은 흙이 묻은 채 마르지 않게 둔다. 겉껍질은 거무스름한 밤빛인데 껍질을 벗기면 불그레한 빛이 도는 하얀 살이 나온다. 껍질을 벗겨 썰어 놓으면 하얀 우엉이 곧 거무스름하게 바뀐다. 그래서 그때그때 벗겨 먹는다. 식초 탄 물이나 쌀뜨물에 담가 놓으면 색깔이 안 바뀐다. 양이 적으면 신문지에 싸서 그늘지고 서늘한 곳에 둔다. 양이 많을 때는 땅에 묻는다.

병해충

우엉에는 진딧물이 잘 꼬인다. 흰줄바구미, 배추바구미는 잎을 빨아 먹고 애벌레는 뿌리를 갉아 먹는다. 뿌리썩이선충이 뿌리에 들어가면 뿌리가 곧게 안 뻗고 까맣게 썩는다. 또 잎은 검은무늬병, 흰가루병, 모자이크병에 걸린다. 같은 밭에서 줄곧 심으면 병치레가 많아진다. 너덧 해 심으면 다음에는 다른 밭에 심는 게 좋다.

품종

우엉은 사람들이 즐겨 먹지 않았기 때문에 많이 기르지 않았다. 그래서 품종이 많지 않다. 뿌리가 긴 우엉과 짧은 우엉이 있다. 우리나라 토박이 우엉으로 '대포'라는 우엉이 있지만 많이 안 기른다. 이 우엉은 뿌리뿐만 아니라 잎도 먹을 수 있다. 지금은 일본에서 들어온 우엉을 많이 심는다.

옛 책

《증보산림경제》에는 "우엉은 기름진 땅에 심는 것이 좋다. 음력 2월 말에 씨를 뿌리고 음력 8월에 뿌리를 캐서 먹는다. 씨앗을 받으려면 몇 뿌리를 남겨 둔다. 한 해 지나야 씨앗이 생긴다."라고 나온다.

《임원경제지》에는 "우엉은 반드시 기름진 땅을 골라서 심는다. 음력 1월 중에 날이 긴 가래로 땅을 3~5번 잘 갈아 깊고 부드럽게 만든 뒤에 써레로 평평하게 고른다. 음력 2월 말에 씨를 심는데 드물게 뿌려서는 안 된다. 싹이 난 뒤에 풀이 자라나면 매 준다. 음력 8월 이후 날이 긴 가래로 그 뿌리를 판다. 큰 것은 팔뚝만 하다. 오직 기름진 땅이 알맞고 가물면 물을 주어야 한다. 우엉은 아주 좋은 채소다. 밭뿐만 아니라 노는 땅에도 심을 수 있고, 뿌리와 잎을 모두 먹을 수 있다. 심을 땅은 반드시 거름을 섞어 기름지게 만든다. 빽빽하게 심어야지 드물게 심으면 속이 빈다."라고 했다.

쓰임

우엉은 껍질을 벗긴 뒤 썰어서 간장이나 설탕에 졸여 먹는다. 굽
거나 쪄 먹기도 한다. 칼등이나 방망이로 두들겨 부드럽게 한 뒤
구우면 더 맛있다. 된장에 박아 장아찌를 만들기도 한다. 우엉을
잘 말린 뒤 뜨거운 물에 우려 차로도 마신다.

우엉은 오래전부터 뿌리와 씨를 약으로 썼다. 한약방에서 쓰는
'우방근'이라는 약재는 우엉 뿌리를 말린 것이고, '우방자'라는 약
재는 우엉 씨앗이다. 우엉 뿌리에는 이눌린이란 성분이 들어 있어
서 당뇨병 환자에게 좋다. 콩팥을 튼튼하게 하고 몸속 물을 빼 주
어서 몸이 잘 붓거나 오줌이 잘 안 나오는 사람, 살이 많이 찐 사
람이 먹으면 좋다. 뒤가 굳어 똥이 안 나오는 사람이 먹으면 똥이
잘 나온다. 핏줄이 굳는 동맥경화나 암에 안 걸리게 막아 주는 힘
도 있다. 살갗이 곪거나 헌 곳에 우엉 뿌리를 짓찧어 붙이면 잘
낫는다. 뿌리를 찧어 즙을 내서 머리에 바르면 머리카락이 튼튼
해져 안 빠진다고 한다.

씨를 볶아 말린 뒤 가루를 내서 목이 붓고 열이 나고 기침이 날
때 먹으면 좋다. 또 이가 아플 때 우엉 씨를 볶아 달인 물로 입안
을 헹구면 아픔이 가라앉는다. 《동의보감》에는 "우엉 씨를 살짝
볶아 가루를 내거나 물에 달여 먹으면 눈이 밝아지고 몸에 바람
이 늘어 아픈 병이 낫는다. 또 몸에 난 누드러기나 종기에 바르면
잘 낫는다."라고 했다. 《증보산림경제》에는 "잎은 나물로 먹는다.
눈이 밝아지고 기운을 북돋고 몸에 든 바람을 없앤다. 오랫동안
먹으면 몸이 가벼워지고 안 늙는다. 줄기와 잎을 삶아서 술을 빚
으면 좋다."라고 나온다.

기름 채소 들깨
참깨

들깨 임, 추소 *Perilla frutescens* var. *japonica*

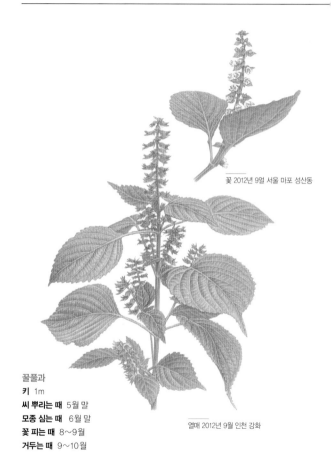

꽃 2012년 9얼 서울 마포 성산동

꿀풀과
키 1m
씨 뿌리는 때 5월 말
모종 심는 때 6월 말
꽃 피는 때 8~9월
거두는 때 9~10월

열매 2012년 9월 인천 강화

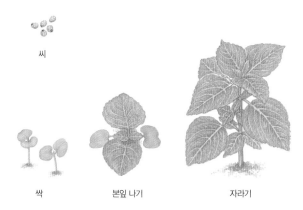

씨

싹   본잎 나기   자라기

1. 밭에 씨앗을 뿌려 모종을 키운다. 씨앗을 심은 지 사나흘이 지나면
   싹이 올라온다. 싹이 나고 일주일쯤 지나면 본잎이 나온다.

2. 씨를 뿌리고 한 달쯤 지나면 줄기가 곧게 올라오고 잎도 꽤 달린다.
   이때 키울 자리에 모종을 옮겨 심는다. 심을 때는 모종을 조금 눕혀서
   심는다. 그러면 땅에 묻힌 줄기에서도 뿌리가 나와 더 튼튼해진다.

3. 옮겨 심고 두 달이 지난 8~9월에 꽃이 핀다. 꽃이 피고 3주쯤
   지나면 꽃망울 속에 씨앗이 들어찬다. 씨앗이 생기면 꽃이
   떨어지고 꼬투리가 누레진다.

4. 잎이 누렇게 시들면 줄기째 베어 낸다. 일주일쯤 햇볕에 잘 말린 뒤
   씨앗을 털어 낸다.

들깨는 밭에서 심어 기르는 한해살이풀이다. 집 둘레에서 저절로
자라기도 한다. 사람들은 흔히 들깨와 참깨가 닮았다고 여기지만
사실 전혀 다른 풀이다. 참깨는 잎겨드랑이에서 꼬투리가 열린
다. 들깨 알은 동글동글한데 참깨 알은 끝이 뾰족하다. 들깻잎은
날것으로 먹지만 참깻잎은 안 먹는다.

들깨는 본디 히말라야와 중국 중남부, 동남아시아에서 자라던
풀이다. 그러다가 남쪽으로는 말레이시아 반도, 인도네시아로 퍼
지고 북쪽으로는 중국 온 지역으로 퍼졌다. 중국에서는 6세기에
펴낸 《제민요술》이라는 농사책에 벌써 들깨 기르는 법과 갈무리
하는 법이 나온다. 그러다가 우리나라로 들어오고 일본으로 건너
갔을 것으로 짐작하고 있다.

우리나라에서는 마한, 진한 때 옛터에서 들깨 씨가 나온 것으로
봐서 아주 오래전부터 먹었던 것 같다. 《농사직설》(1429)에 들깨
기르는 법이 처음 나온다. 《향약집성방》(1433)에는 들깨 씨를 약
으로 쓴다고 썼다. 그 뒤로 《색경》(1676)이나 《산림경제》(1700),
《임원경제지》(1842) 같은 책에 기르는 법과 쓰임새가 줄곧 나온
다. 《동의보감》(1613)에는 한자로 '임자(荏子)'와 우리 이름으로
'들뼈'라고 나온다.

기르기와 거두기

들깨는 씨를 뿌리면 땅을 안 가리고 어디서나 잘 자란다. 길가나
밭두둑에 심기도 한다. 보리나 밀, 고추 같은 다른 농작물과 섞어
심기도 한다. 들깨에서는 독특한 냄새가 난다. 이 냄새 때문에 벌
레가 잘 안 꼬인다. 낮 기온이 20~30도일 때 잘 자란다.

갈무리

다 여문 들깨를 낫으로 베어 낸 뒤 일주일쯤 햇볕에 잘 말려 씨를
턴다. 털어 낸 씨앗에는 껍질과 다른 부스러기가 많이 섞여 있다.
체로 거르거나 키질로 까불러서 알만 골라낸다. 이 들깨 알로 기
름을 짠다. 들기름은 참기름보다 쉽게 맛과 색이 바뀌고 나쁜 냄
새가 난다. 그래서 깨를 축축하지 않은 곳에 잘 두었다가 그때그
때 기름을 짜서 먹어야 좋다.

병해충

들깨는 병에 거의 안 걸린다. 또 들깨 냄새를 벌레들이 싫어해서
벌레가 안 꼬인다. 가끔 녹병이나 회색곰팡이병이 생긴다.

품종

들깨 색깔에 따라 하얀 들깨, 검은 들깨, 밤색 들깨가 있다. 사람
들은 밤색 들깨를 가장 많이 기른다. 또 오랫동안 길러 왔기 때문
에 지역마다 토박이 들깨가 많다. 돌깨, 물깨, 올깨, 올들깨, 웅촌
깨, 잎깨, 흰들깨, 흰올들깨 같은 토박이 들깨가 있다. 요즘에
는 잎만 따 먹으려고 심는 들깨도 있다.
들깨와 차조기는 아주 닮았다. 들깨 잎은 풀색이지만 차조기 잎
은 보랏빛을 띤다. 들깨는 잎을 먹거나 씨로 기름을 짜지만, 차조
기는 약초로 쓰거나 음식에 빨간 물을 들인다.

옛 책

《제민요술》에는 "음력 3월에 씨를 뿌릴 수 있다. 들깨는 아주 잘 자라서 밭 가장자리에 흩뿌리면 해마다 저절로 자란다."라고 했다. 《임원경제지》에는 "참새가 들깨를 매우 좋아해서 반드시 집 가까이 심어야 한다."라고 썼다. 또 들깨 씨를 많이 뿌려 거둔 뒤 곡식과 바꾸면 다른 곡식을 심은 밭보다 이익이 두 배는 많다고 썼다. 《증보산림경제》에는 들깨 모종은 비가 내릴 때 옮겨 심는 다고 나온다.

쓰임

들깻잎에서는 알싸한 냄새가 난다. 날잎 그대로 밥이나 고기를 싸먹거나 장아찌를 담가 먹는다. 또 튀겨 먹거나 전을 부쳐 먹어 도 맛있다. 또 들깻잎을 매운탕에 넣어 끓이면 비린내와 누린내 가 안 난다. 또 씨가 여물기 전에 꽃대를 따서 찹쌀 풀을 발라 말 렸다가 기름에 튀기면 맛있는 부각으로 먹을 수 있다.

씨앗으로는 들기름을 짠다. 들기름은 김에 발라 구워서 재고 나 물을 무칠 때 넣는다. 또 종이에 들기름을 먹여 장판으로 깔고, 페인트나 잉크 원료로도 쓴다. 옛날에는 들기름으로 등잔불을 밝혔다. 깨를 갈아 순두부나 칼국수에 넣어도 맛있다. 깨를 갈아 죽을 쑤어 먹으면 몸이 튼튼해진다. 늙은 어른이나 병이 들어 몸 이 허약해진 사람이 먹으면 좋다. 씨를 볶아서 깨소금을 만든다. 씨를 짜내고 남은 깻묵은 집짐승을 먹이고 거름을 만든다. 낚시 할 때 밑밥으로도 많이 쓴다. 하지만 들기름은 짜 놓고 오래 두면 쉽게 상하니까 조금씩 자주 짜서 먹어야 좋다. 하지만 서양 사람들은 들깨 냄새를 싫어해서 들기름이나 들깻잎을 안 먹는다.

들깨 씨나 들기름을 자주 먹으면 심장이 튼튼해지고 혈압이 낮아지고 피가 잘 돈다. 또 암을 막고 당뇨병이나 알레르기를 가진 사람에게 좋다. 또 살결이 고와진다. 《동의보감》에는 "성질이 따뜻하고 맛이 맵고 독이 없다. 기를 내리고 기침과 목마름을 그치게 한다. 허파를 부드럽게 하고 중초를 북돋고 뼈 속에 들어 있는 골수를 보탠다."라고 나온다. 또 씨를 갈아 쌀과 섞어서 죽을 쑤어 먹으면 살이 찌고 기가 내리고 몸이 튼튼해진다고 했다.

옛날에는 들깨를 길가나 밭두둑에 많이 심었다. 그러면 짐승이나 벌레가 들깨 냄새를 싫어해서 밭에 못 들어온다. 고추밭에 심으면 벌레를 덜 날아온다고 한다.

참깨 깨, 호마, 유마 *Sesamum indicum*

2004년 8월 전북 변산

참깨과
키 1m
씨 뿌리는 때 5월 초~중순
꽃 피는 때 7~8월
거두는 때 9월 말~10월 초

흰깨 검은깨

싹

자라기

꼬투리

거두기_깻단

1. 씨는 30cm쯤 띄워서 줄뿌림한다. 열흘쯤 지나면 싹이 튼다.

2. 손가락만큼 싹이 자라면 두어 포기만 남기고 솎아 준다. 손바닥쯤
   자라면 한 포기만 남기고 솎아 준다.

3. 7~8월쯤에 잎겨드랑이에서 꽃이 핀다. 꽃이 지면 꼬투리가
   열린다. 줄기 아래쪽에 열린 꼬투리가 먼저 익는다.

4. 줄기 맨 아래쪽 꼬투리가 누렇게 익어 벌어질 때쯤 거둔다. 모두 다
   익어서 베면 깨가 다 쏟아진다.

참깨는 밭에 심어 기르는 한해살이풀이다. 본디 이집트와 인도에서 자라던 풀이다. 이집트에서는 피라미드에서 나온 파피루스에 참깨가 나온 것으로 봐서 아주 오래전부터 길렀던 것으로 여겨진다. 미라를 만들 때 참기름을 발랐다고 한다. 중국에서는 6세기에 펴낸 《제민요술》이라는 농사책에 참깨를 심고 기르는 방법이 나온다. 이 책에는 '장건'이라는 사람이 참깨를 외국에서 가져왔다고 써 있다. 하지만 기원전 3세기쯤에 펴낸 약초책인 《신농본초경》에 벌써 참깨를 말하는 '호마'라는 이름이 나오고 약효를 써 놓은 것으로 보아, 장건이 가져온 때보다 훨씬 전부터 심어 길렀던 것 같다.

우리나라는 중국에서 들어온 것 같다. 하지만 삼국 시대 책에는 나오지 않고 통일 신라 때 가서야 참깨가 나온다. 하지만 일본에는 서기 538년에 백제에서 들어왔다는 기록이 있다. 이걸 보면 아마도 삼국 시대에 벌써 심어 기른 것 같다. 고려 때 펴낸 《향약구급방》(1236)에 참깨가 나오고, 조선 시대 농사책에도 참깨를 심고 기르는 방법이 줄곧 나온다.

기르기와 거두기

참깨는 우리나라 어디에 심어도 잘 자란다. 경북 안동, 의성, 예천에서 많이 심는다. 기온이 25~27도일 때 가장 잘 자란다. 씨 뿌리는 때가 늦을수록 열매가 적게 열리고 쭉정이가 많다. 그래서 '뻐꾹새 울면 참깨 씨 뿌리기 늦다'는 속담이 있다. 늦어도 5월 안에 씨를 뿌리라는 뜻이다.

참깨는 축축한 땅에서는 잘 안 되고, 가뭄이 드는 해에는 오히려

잘 된다. 그래서 '가문 해 참깨는 풍년 든다'는 속담이 있다. 베어
낸 참깨는 석 단씩 묶은 뒤 똑바로 세워 햇볕에 잘 말린다. 잘 말
린 참깨를 거꾸로 들고 막대기로 털어 깨를 받는다. 한 번만 털지
말고 두세 번 턴다.

갈무리

참깨는 바람이 잘 통하고 눅눅하지 않고 온도 변화가 없는 곳에
둔다. 요즘에는 플라스틱 용기나 병에 넣어 꼭 닫아 냉장고에 둔
다. 참깨를 빻으면 공기와 닿아 산화되어 안 좋다. 그래서 먹을 때
마다 알맞은 양만큼 빻아 쓰는 게 좋다. 《산림경제》에는 참깨 대
를 쌀 곳간 안에 놓아두면 쌀에 벌레가 안 꼬인다고 했다.

병해충

참깨에는 깻잎을 갉아 먹는 박각시나방 애벌레가 많다. '깨벌레'
라고도 한다. 진딧물과 참깨청벌레도 꼬인다. 잘 걸리는 병은 역
병, 시들음병, 잎마름병, 세균성점무늬병, 잘록병, 검은점무늬병
따위가 있다.

품종

참깨는 오랫동안 길러 왔기 때문에 토박이 참깨가 많다. 씨 색깔
에 따라 흰깨, 누른깨, 검은깨가 있다. 흰깨는 기름을 짜고, 검은
깨는 흑임자, 먹깨라고도 해서 약으로 많이 쓴다. 꼬투리 생김새

에 따라 팔모깨, 육모깨, 네모깨, 네줄배기참깨가 있다. 꼬투리 안이 방으로 나뉘는데 그에 따라 꼬투리에 모가 진다. 방이 두 개이고 씨알이 네 줄로 들어 있는 네모깨와 방이 네 개이고 씨알이 여덟 줄로 늘어선 팔모깨를 많이 심는다. 잎겨드랑이에 꼬투리가 한 개씩 달리는 참깨와 세 개가 달리는 참깨도 있다. 익는 때에 따라 올깨, 늦깨, 40일깨, 50일깨, 60일깨가 있다. 가지가 갈라지는 참깨와 갈라지지 않는 참깨도 있다. 《농사직설》에도 "참깨는 검은 것, 흰 것, 누른 것 세 가지가 있는데, 흰 것이 기름이 많다."라고 했다. 《한정록》(1618)에는 "여덟모가 난 참깨가 기름이 많다."라고 했다.

옛 책

《농가집성》에서는 참깨는 거칠고 흙에 모래가 섞여 하얀 땅에서 기르는 것이 좋다고 했다. 또 "익는 대로 베어다가 작은 다발로 묶되 다발이 크면 잘 마르지 않는다. 대여섯 다발을 서로 기대 세워 묶는다. 꼬투리가 벌어지기를 기다린 뒤 다발을 하나씩 거꾸로 세워 들고 작은 막대로 가볍게 두드리면서 씨를 턴다. 씨를 털어낸 다발은 도로 제자리에 세우고 3일에 한 번씩 다시 씨를 터는데, 이를 너덧 번 되풀이한다. 또 참깨 세 알에 늦팥 한 알씩 섞어 뿌려도 좋다."라고 썼다. 《위빈명농기》에는 "비가 내린 뒤 씨를 뿌려야 좋다. 비 올 때 안 뿌리면 싹이 안 튼다. 그리고 모래와 참깨 씨를 섞어서 뿌려 준다. 그렇게 하지 않으면 씨가 고루 안 뿌려진다."라고 했다. 《한정록》과 《산림경제》에서는 "음력 3월 초가 씨 뿌리기 알맞은 때다. 기름진 땅이면 음력 4~5월에 뿌려도 된다."

라고 했다.

쓰임

참깨는 짜서 참기름을 만든다. 참기름은 오랫동안 두어도 맛이
바뀌지 않는다. 여러 나물을 무칠 때 참기름을 넣는다. 참기름을
짜고 남은 깻묵은 집짐승을 먹이거나 거름으로 쓴다. 또 참깨를
볶아 깨소금을 만들어 여러 가지 음식과 반찬에 넣는다. 참깨를
볶아 날마다 먹으면 머릿결이 좋아지고 흰 머리가 안 난다고 한
다. 옛날부터 참깨와 쌀을 섞어 죽을 쑤어 먹었는데, 몸이 아픈
사람이나 약한 사람에게 아주 좋다.

참기름에는 몸에 좋은 성분도 많아서 약으로도 쓴다. 참기름에
는 동맥경화를 막고, 몸이 튼튼해지고, 살갗에 윤기가 돌고, 마
음이 편안해지는 성분이 많이 들어 있다. 또 자주 먹으면 젊어지
고 암이 안 생기도록 해 준다. 불에 데거나 상처 난 곳에 참기름
을 발라도 좋다. 또 고름을 빨아내는 약도 만든다.

《동의보감》(1613)에는 검은 참깨와 흰 참깨가 나온다. 검은 참깨
는 "기운을 북돋고 살찌게 한다. 골수와 뇌수를 채워 주고 힘줄
과 뼈를 튼튼하게 한다."라고 하면서 병이 들어 말할 기운조차 없
을 때 검은 참깨를 먹는다고 했다. 또 "검은 참깨 기름을 먹으면
얼굴빛이 젊어지고, 똥이 잘 나오고, 몸속 기생충이 죽는다. 몸
에 난 종기에 바르면 잘 낫고, 빠진 머리카락이 다시 난다."라고
했다. 흰 참깨는 "장과 위를 부드럽게 한다. 피가 잘 통하고 몸에
바람이 들어 걸린 병이 낫는다. 또 살갗이 부드러워진다."라고 나
온다.

찾아보기

학명 찾아보기

우리말 찾아보기

단행본

《구황방 고문헌집성 1 - 4》 농촌진흥청, 2010

《규곤요람, 음식방문, 주방문, 술빚는법, 감저경장설, 월여농가》 농촌진흥청, 2010

《규합총서》 빙허각 이씨, 보진재, 1999

《내 손으로 받는 우리 종자》 안완식, 들녘, 2013

《내가 좋아하는 곡식》 이성실, 김시영, 호박꽃, 2011

《논 생태계 수생식물, 논둑식물 도감》 농촌진흥청, 2011

《논 생태계 수서갑각류 및 패류 도감》 농촌진흥청, 2012

《논 생태계 어류, 양서류, 파충류 도감》 농촌진흥청, 2011

《논에서 만나는 133가지 생물도감》 배지현 외, 그물코, 2014

《농가설, 위민명농기, 농가월령, 농가집성》 농촌진흥청, 2004

《농기구 - 겨레 전통도감4》 이순수, 김경선 외, 보리, 2009

《농사짓는 시인 박형진의 연장 부리던 이야기》 박형진, 2015, 열화당

《농사짓는 즐거움》 이우성, 흙살림연구소, 2006

《농상집요 역주》 최덕경, 세종출판사, 2012

《농상집요》 농촌진흥청, 2008

《농어속담사전》 송재선, 동문선, 1995

《농업백과사전 1 - 5》 농업종합출판사, 1999

《농업어휘 낱말밭 1》 김웅모, 박이정, 2006

《농정서》 농촌진흥청, 2002

《농정신편》 농촌진흥청, 2002

《농정회요 1, 2, 3》 최한기, 농촌진흥청, 2007

《다 콩이야》 도토리, 정지윤, 보리 2005

《도시 사람을 위한 주말농사 텃밭 가꾸기》 전국귀농운동본부, 들녘, 2001

《도시농부 올빼미의 텃밭 가이드 1, 2》 유다경, 시골생활, 2013

《동아시아 속의 고대 한국식생활사 연구》이성우, 향문사, 1994

《동의보감 5》여강출판사, 1994

《무당벌레가 들려주는 텃밭 이야기》노정임, 안경자, 철수와영희, 2011

《방약합편》황도연, 여강출판사, 2007

《백성백작》후루노 다카오, 그물코, 2007

《범승지서》범승지, 농촌진흥청, 2007

《벼가 자란다》도토리, 김시영, 보리, 2003

《보리 국어사전》보리, 2013

《북학의》박제가, 돌베개, 2013

《뿌웅 보리방귀》도토리, 김시영, 보리 2003

《사피엔스》유발 하라리, 김영사, 2015

《산가요록》전순의, 농촌진흥청, 2004

《살림살이 - 겨레 전통 도감1》윤혜신, 김근희 외, 보리, 2008

《삼고 재배학원론》박순직, 향문사, 2006

《색경》박세당, 농촌진흥청, 2001

《세밀화로 그린 보리 어린이 풀 도감》김창석 외, 보리, 2008

《시경》심영환, 홍익출판사, 2011

《식료찬요》농촌진흥청, 2004

《식물곤충사전》백과사전출판사, 1991

《식물도감 - 세밀화로 그린 보리 큰도감》권혁도 외, 보리, 2017

《한글 신농본초경》의성당편집부, 의성당, 2012

《신비한 밭에 서서》가와구치 요시카즈, 들녘, 2013

《10대와 통하는 농사 이야기》곽선미 외, 철수와영희, 2017

《씨앗 받는 농사 매뉴얼》오도, 장은경, 들녘, 2013

《아언각비 이담속찬》정약용, 현대실학사, 2005

《약 안 치고 농사짓기》민족의학연구원, 보리 2012

《약초의 성분과 이용》과학백과사전출판사 편, 일월서각, 1999

《온고이지신 - 제1권 농본, 농정, 서책, 교육편》농촌진흥청, 2008

《온고이지신 - 제2권 농사일반편》농촌진흥청, 2008

《온고이지신 - 제3권 작물편》농촌진흥청, 2008

《온고이지신 - 제8권 구황, 벽온, 구활편 초본류1》구자옥, 농촌진흥청, 2013

《온고이지신 - 제9권 구황, 벽온, 구활편 초본류2》구자옥, 농촌진흥청, 2013

《왜 세계의 절반은 굶주리는가?》장 지글러, 갈라파고스, 2007

《우리 학교 텃밭》노정임, 철수와영희, 2012

《우리가 꼭 지켜야 할 벼》노정임, 철수와영희, 2012

《식품동의보감》유태종, 아카데미북, 2009

《원색 대한식물도감 상, 하》이창복, 향문사, 2003

《원색 한국식물도감》이영로, 교학사, 2002

《음식인문학》주영하, 휴머니스트, 2011

《24절기와 농부의 달력》안철환, 소나무, 2011

《인간과 식량》성락춘 외, 고려대학교출판부, 2008

《임원경제지 - 관휴지 1, 2》서유구, 소와당, 2010

《임원경제지 - 만학지 1, 2》서유구, 소와당, 2010

《임원경제지 - 본리지 1, 2, 3》서유구, 소와당, 2009

《임원경제지 - 위선지 1, 2》서유구, 소와당, 2011

《작물병리사전》농업출판사, 1992

《재배식물의 기원》다나카 마사타케, 전파과학사, 1992

《전통 농업의 꿈》안철환, 텃밭보급소, 2014

《제민요술》가사협, 농촌진흥청, 2007

《조선고고학전서 - 원시편》과학백과사전종합출판사, 1990

《조선약용식물지 1, 2, 3》농업출판사, 1998

《증보산림경제》이강자 외, 신광출판사, 2003

《증보산림경제 1, 2, 3》 유중임, 농촌진흥청, 2003

《총, 균, 쇠》 재레드 다이아몬드, 문학사상, 2005

《즐거운 논학교》 우네 유타카, 열음사, 2009

《콩 농사짓는 마을에 가 볼래요?》 노정임, 안경자, 철수와영희, 2013

《텃밭 가꾸기 대백과》 조두진, 푸른지식, 2016

《텃밭 백과》 박원만, 들녘, 2007

《텃밭 속에 숨은 약초》 김형찬, 그물코, 2010

《텃밭해충과 천적》 이기상, 들녘, 2014

《한국 농작물백과도감》 송홍선, 풀꽃나무, 1998

《한국식물생태보감 1, 2》 김종원, 자연과생태, 2013, 2016

《한국식생활사》 강인희, 삼영사, 1997

《한국토종작물자원도감》 안완식, 이유, 2009

《한방식료해전》 심상룡, 창조사, 1976

《한정록》 허균, 솔, 1997

《해동농서 1, 2》 서호수, 농촌진흥청, 2008

《향약집성방 5》 과학백과사전출판사 편, 일월서각, 1993

《호미 아줌마랑 텃밭에 가요》 장순일, 보리, 2012

《흙을 알아야 농사가 산다》 이완주, 들녘, 2002

사이트

농사로 www.nongsaro.go.kr

국가표준식물목록 www.nature.go.kr

저자 소개

그림

임병국 인천 강화에서 태어나 홍익대학교 회화과에서 공부했다. 보리 제1회 세밀화 공모전에서 대상을 받았다. 《산잠승 - 보리 어린이 첫도감》, 《버섯도감 - 세밀화로 그린 보리 큰도감》, 《동물도감 - 세밀화로 그린 보리 큰도감》, 《호랑이》에 그림을 그렸다. 잡지 《개똥이네 놀이터》에 토끼똥 아저씨의 동물 이야기를 연재했다.

장순일 경상북도 예천에서 태어나고 자랐다. 덕성여자대학교에서 서양화를 전공했다. 지금은 도시에 살면서 텃밭 농사를 지으며 아이들 책에 그림을 그리고 있다. 《똥 선생님》, 《호미아줌마랑 텃밭에 가요》, 《고사리야 어디 있나?》, 《도토리는 다 먹어》, 《세밀화로 그린 보리 어린이 풀 도감》, 《무슨 나무야》, 《무슨 풀이야》, 《무슨 꽃이야》, 《소금이》, 《직녀와 목화의 바느질 공방》에 그림을 그렸다.

안경자 충청북도 청원에서 태어났다. 대학교에서 서양화를 공부한 뒤 어린이들에게 그림을 가르쳤다. 지금은 식물 세밀화와 생태 그림을 그리고 있다. 《풀이 좋아》, 《세밀화로 그린 보리 어린이 풀 도감》, 《숲과 들을 접시에 담다》, 《콩이네 유치원 텃밭》, 《개미 100마리 나뭇잎 100장》, 《곤충 기차를 타요》, 《무당벌레가 들려주는 텃밭 이야기》, 《궁궐에 나무 보러 갈래》, 《우리가 꼭 지켜야 할 벼》, 《도시에서 만난 야생 동물 이야기》에 그림을 그렸다.

윤은주 인천에서 태어나 홍익대학교에서 서양화를 공부했다. 《무슨 풀이야?》, 《무슨 꽃이야》, 《세밀화로 그린 보리 어린이 풀 도감》에 그림을 그렸다.

글

김종현 오랫동안 출판사에서 여러 가지 도감과 그림책을 만들었다. 《세밀화로 그린 보리 어린이 바닷물고기 도감》, 《세밀화로 그린 보리 어린이 잠자리 도감》, 《세밀화로 그린 보리 어린이 약초 도감》 같은 책을 편집했고, 만화책 《바다 아이 창대》, 옛이야기 책 《꾀보 바보 옛이야기》, 《꿀단지 복단지 옛이야기》, 《무서운 옛이야기》에 글을 썼다. 지금은 옛이야기, 그림책, 만화책, 동화책, 동식물 도감에 글을 쓰고 있다.

감수

안완식 서울대학교 농과대학을 졸업하고 강원대학교에서 농학박사 학위를 받았다. 농촌 진흥청 연구사가 되어 세계의 식물자원연구소를 돌아보며 유전자원의 중요성을 깨달은 뒤, 한평생 '우리 땅에는 우리 씨앗을 심어야 한다'는 신념으로 살았다. 쓴 책으로 《우리가 지켜야 할 우리 종자》, 《내 손으로 받는 우리 종자》, 《한국토종작물자원도감》 들이 있으며, 사라져 가는 토종 씨앗을 모으고 알리는 '씨드림'을 이끌고 있다.